ENCYCLOPÉDIE-RORET.

—

MÉCANICIEN-FONTAINIER,

POMPIER ET PLOMBIER.

AVIS.

Le mérite des ouvrages de *l'Encyclopédie-Roret* leur a valu les honneurs de la traduction, de l'imitation et de la *contrefaçon*. Pour distinguer ce volume il portera, à l'avenir, la signature de l'Éditeur.

MANUELS-RORET.

NOUVEAU MANUEL COMPLET

DU

MÉCANICIEN - FONTAINIER,

DU

POMPIER ET DU PLOMBIER,

contenant

L'ART DE DÉCOUVRIR ET DE FAIRE JAILLIR LES FONTAINES; DE DIRIGER, D'ASSAINIR ET DE CLARIFIER LES EAUX. LA THÉORIE DES POMPES ORDINAIRES, DES MACHINES HYDRAULIQUES LES PLUS USITÉES ET CELLE DES POMPES ROTATIVES. L'ART DU PLOMBIER; LA DESCRIPTION DES APPAREILS RELATIFS A CES BRANCHES D'INDUSTRIE.

Par MM. BISTON (Valentin), architecte,
& JANVIER, Officier au corps royal de la marine.

NOUVELLE ÉDITION,

Entièrement refondue et ornée de figures.

PARIS,

A LA LIBRAIRIE ENCYCLOPÉDIQUE DE RORET,

RUE HAUTEFEUILLE, 10 BIS.

1844.
1843

PRÉFACE.

—

Dans aucun temps, peut-être, disions-nous lors des premières éditions de cet ouvrage, les circonstances n'ont été plus favorables pour publier un livre sur un sujet quelconque de mécanique; car la science des machines, alliée à la physique et à la chimie (1), a fait plus de progrès depuis trente années, en fait encore davantage aujourd'hui, que n'en ont jamais fait les arts libéraux du temps de Louis XIV. Si cela était vrai, à cette époque, que peut-on dire de ce qui se passe aujourd'hui où toutes les facultés humaines semblent dirigées vers l'industrie. On discute moins sur la métaphysique, on agite moins ces luttes d'esprit qui n'ont rien produit de positif; mais en même temps que la population augmente, on s'occupe davantage des réalités, des moyens industriels capables d'accroître nos ressources et nos jouissances.

Mais ce qui est vraiment digne de remarque, et en même temps propre à encourager les industriels de toutes les classes, c'est que les plus ingénieuses ma-

(1) On a dit avec juste raison : la chimie a été bonne à connaître de tous les temps ; il sera bientôt honteux de l'ignorer.

chines, dans presque tous les genres, sont sorties d'une classe que n'a point aidée une éducation soignée, et que l'expérience éclairait mieux que cette foule de théories dont les auteurs s'attribuent cependant le mérite de tous les succès.

Nous nous abstiendrons de reprendre la mécanique des pompes à partir du moment où elle a commencé à offrir des avantages à l'industrie humaine; il faudrait remonter bien loin, 120 ans avant Jésus-Christ, au temps de Hiéron l'Ancien, un des premiers physiciens célèbres, à l'époque d'un nommé *Clésibius*, qui vivait 130 ans avant Jésus-Christ; à Archimède, 287 ans. avant Jésus-Christ, et même, relativement à la partie de la physique qui y a plus ou moins de rapport, au temps d'Aristote, de Platon, et de Pythagore, qui vivait 600 ans avant Jésus-Christ.

Hiéron l'Ancien inventa la fontaine connue sous le nom de *fontaine de Hiéron*. Il avait déjà connaissance de la vertu compressive de l'air.

On doit à Archimède la vis sans fin, notre meilleure machine hydraulique, etc.

Après avoir donné des aperçus généraux sur la nature du liquide qui fait l'objet principal de ce volume, nous avons été dans l'obligation de redire sur les pompes ordinaires ce que personne n'ignore. Ensuite, sans nous écarter de ce principe, qu'il s'agit de se faire entendre par la classe ouvrière, celle qui ne veut point de calculs compliqués qui puissent lui dépenser de précieux moments, nous nous sommes arrêté sur toutes les pompes nouvelles, et principalement sur les pompes circulaires que l'on fabrique depuis peu à Paris. Nous.

avons donné également un procédé pour leur application à un genre de navigation qui probablement ne sera bientôt plus un problème à résoudre.

Nous donnons aussi un moyen d'application des pompes circulaires au rafraîchissement de l'eau sans l'emploi des machines pneumatiques ; problème pour la solution duquel plusieurs mécaniciens anglais se sont ruinés.

Enfin, relativement à l'art du plombier, nous donnons les procédés les plus usités pour le traitement du plomb et les progrès qu'a faits cette branche de l'industrie jusqu'à nos jours.

Cette édition ne s'arrête pas là : un traité aussi important à lui seul que pouvait l'être l'ensemble de tout notre travail antérieur, vient initier les fontainiers-mécaniciens à tous les secrets de l'art du fontainier sondeur de fontaines jaillissantes. L'expiration des brevets d'invention, d'une part, et des documents nouveaux de l'autre, nous ont permis de donner en détail tous les procédés connus pour le forage des puits artésiens. Nous avons aussi analysé, examiné, décrit toutes les expériences sur les terrains susceptibles de fournir des eaux jaillissantes et de reconnaître la qualité de ces eaux ; et comme il n'était pas moins utile de propager les moyens de clarifier et d'épurer ces eaux, nous avons, dans un chapitre spécial, traité de l'art du fontainier en ce qui touche la manière de confectionner les meilleures fontaines filtrantes et désinfectantes ; remplissant ainsi une lacune que des circonstances indépendantes de notre volonté nous avaient forcé de laisser dans notre premier travail.

Une fois entré dans cette voie d'amélioration, nous avons pensé que tout l'ouvrage devait s'en ressentir, et nous l'avons revu, afin d'ajouter à chaque partie tout ce que le génie de la mécanique a mis au jour, et tout ce que les découvertes nouvelles ont apporté de modification à l'art du pompier et du plombier. De là, des notions sur les ciments romains, sur le zinc, sur son emploi, sur les pompes nouvelles et sur les autres machines hydrauliques qui n'étaient pas connues, ou qui l'étaient sous des conditions que nous devions respecter, puisqu'elles touchaient au droit sacré de propriété.

NOUVEAU MANUEL COMPLET

DU

MÉCANICIEN-FONTAINIER,

POMPIER, PLOMBIER.

PREMIÈRE PARTIE.

DE L'ART DU MÉCANICIEN-FONTAINIER.

CHAPITRE PREMIER.

DES FONTAINES SIMPLES ET COMPOSÉES, FILTRANTES ET DÉSINFECTANTES.

Le mécanicien-fontainier est presque toujours pompier et plombier, mais on peut être pompier ou plombier sans être fontainier ; et, comme nous voulons faire un traité complet de ce qui concerne ces trois branches d'une même industrie, qui peuvent chacune séparément occuper l'existence d'un homme, nous diviserons ce traité en trois parties, de manière que le simple pompier ne soit pas obligé de lire les préceptes applicables au fontainier, et réciproquement.

Le fontainier-mécanicien a deux missions importantes : découvrir l'eau, l'assainir et la distribuer.

§ 1er. *Fontaines portatives.*

L'art du fontainier intéresse au plus haut degré la santé publique et les jouissances de tous les habitants des villes, qui, sans lui, seraient souvent obligés d'user d'une eau bourbeuse ou infecte.

Pendant l'été, la fontaine assainit, rafraîchit l'eau qu'on y dépose en sortant de la rivière ou de la citerne ; pendant l'hiver, elle la dégage du limon jaune qui s'attache aux vases de cristal ou de terre : aussi l'industrie des fontainiers a-t-elle pris des développements extraordinaires, et la clarification des eaux est-elle devenue l'objet de l'attention générale. Il n'est pas de ménage qui n'ait aujourd'hui sa fontaine plus ou moins perfectionnée.

On ne s'est pas borné aux fontaines portatives des classes moyennes ; le riche, l'industriel en grand veulent tantôt découvrir des fontaines naturelles pour les amener dans leurs parcs, leurs jardins, leurs prairies, leurs usines ; ils veulent faire monter les eaux partout où le besoin s'en fait sentir, et cela exige des travaux difficiles qu'il ne faut entreprendre qu'avec une extrême circonspection.

C'est dans ces travaux surtout que le fontainier doit employer tous les secrets de son art ; car des tuyaux mal dirigés, des bassins mal placés peuvent gâter les appartements, les édifices, et rendre inhabitables des maisons construites à grands frais. Tout ce que nous dirons des tuyaux, des bassins des plombiers, s'applique aux fontainiers ; mais les fontainiers ont, en outre, à bien étudier l'effet des eaux sur

la pierre, sur les murailles, l'effet de la gelée, de la chaleur
sur les conduits, sur les bassins, l'emploi des mastics, des
ciments qui servent à former les réservoirs en pierre, en
brique, en verre, suivant les lieux où ils doivent être placés.
Ils ont des opérations tellement vastes qu'on en voit quitter
le nom de fontainier pour prendre celui d'ingénieur civil;
et en effet, celui qui fait pénétrer la sonde jusqu'au centre
de la terre, pour obtenir une fontaine jaillissante, n'est-il
pas un véritable ingénieur? Le titre ne fait rien à l'affaire:
toujours est-il que ce sont les ouvriers fontainiers qui appliquent les règles de l'art au sondage des puits artésiens,
et qu'ils en font tous les jours une application digne de l'attention universelle. Nous nous occupons dans les paragraphes suivants de tout ce qui concerne la filtration des eaux,
la construction et la conservation des réservoirs ou bassins;
nous donnerons dans d'autres les règles que doit suivre le
fontainier intelligent pour découvrir, choisir les sources
d'eau potable ou minérale, et les amener à la surface de la
terre ou les élever au-dessus du sol.

§ 2. *Des fontaines simples.*

On faisait autrefois les fontaines en cuivre étamé sans filtre, ce qui n'était pas sans danger, car l'étamage n'empêche
pas le vert-de-gris de pénétrer tôt ou tard jusqu'à l'eau. On
en fit plus tard en plomb, en étain, qui n'étaient pas non
plus sans danger. Les premiers filtres furent imaginés par
un M. Ami, qui employait concurremment le sable et les
éponges. La pierre à filtre, telle qu'on l'emploie aujour-
d'hui, et le charbon surtout, sont infiniment meilleurs. On
est arrivé sous ce rapport à de grands perfectionnements.

La fontaine en grès, entourée d'osier, est aujourd'hui un
meuble de cuisine; on y a ajouté du sable et du charbon, ce
qui les améliore notablement.

§ 3. *Fontaine à filtre et à glace.*

Ce n'est pas assez aujourd'hui que d'obtenir de l'eau limpide, on veut encore qu'elle soit fraîche et même qu'elle soit glacée. On comprend de suite que pour avoir de l'eau glacée, c'est-à-dire à peu près arrivée à l'état de congélation, il faut adapter à côté du filtre un réservoir en plomb ou en zinc, dans lequel on met de la glace : cela est fort bien pour certains amateurs qui veulent en tout se distinguer. Laissons aux fontainiers qu'ils provoquent le soin de déterminer la place et la forme de ces réservoirs qui compliquent inutilement les fontaines et les rendent moins portatives. On pourrait se borner à dire aux partisans de l'eau glacée : glacez-en sur votre table : un seau élégant maintiendra la fraîcheur pendant tout le repas ; cela vaudra mieux que de l'eau tirée d'une fontaine glacée.

Quant à ceux qui n'ont pas de glacières, ils peuvent mettre leurs fontaines à la cave ou dans un lieu frais. Ils pourraient aussi faire confectionner la fontaine imaginée par le docteur Soller d'Altkirch , dont nous allons donner la composition. (*Voyez* aussi les § 5 et 6.)

§ 4. *Fontaine Soller.*

Cette fontaine est formée d'un cylindre creux dans lequel est le filtre ; elle se met en terre à une profondeur qui dépend du degré de fraîcheur que l'on veut donner à l'eau.

Un tuyau appelé conducteur se pose au fond du cylindre, et est percé de trous à son extrémité inférieure pour donner passage à l'eau. Il y a parallèlement à ce tuyau un tube placé verticalement, que M. Soller appelle excrétoire. Les choses ainsi disposées, on met au fond du cylindre des cailloux., du cailloutis et du gros sable, par lits, de manière que les plus gros soient au fond; puis on remplit le cylindre de sable fin et lavé jusqu'à ce qu'il ne reste plus qu'un vide de 6 à 10 centimètres (2 pouces 3 lig. à 4 pouces) qu'il faut combler avec une couche de gros sable, une de sable plus fin et une de gros cailloux.

Il est à remarquer qu'une couche de cendres lessivées, et lavées à plusieurs reprises pour lui enlever tout son sel, produit autant d'effet que le charbon en poudre et épargne beaucoup de sable. Mettez-en une couche de 7 à 8 centimètres (2 pouces 7 lignes à 3 pouces).

Cette opération faite, on adapte à la fontaine le couvercle dans lequel on a ménagé deux trous pour le tube et l'excrétoire; ces deux trous servent aussi à maintenir verticalement ces deux pièces essentielles de l'appareil; on ferme solidement le couvercle avec un mastic à l'épreuve de l'eau, puis on place près de la fontaine ainsi construite un réservoir d'eau en pierre, bois, brique ou ciment romain, ayant soin que le niveau de ce réservoir soit élevé d'au moins 18 centimètres (6 pouces 8 lignes) au-dessus du niveau de l'eau qui doit sortir par les robinets adaptés aux deux tubes. Ce réservoir est muni d'un tuyau ajusté près de son fond, et dont l'extrémité inférieure est adaptée au conducteur. Ce tuyau porte un robinet à l'aide duquel on modère ou accélère à volonté le courant d'eau.

L'eau à filtrer passe par le conducteur au fond de la fontaine, où elle dépose une grande partie de la vase qu'elle contient; les matières bourbeuses les plus déliées s'engagent dans le filtre, et l'eau fraîche et limpide sort par le robinet du tuyau au-dessus du couvercle.

On nettoie de temps en temps le filtre en ouvrant le robinet du conducteur et celui du tube excrétoire; l'eau chargée de bourbe sort alors par ces robinets.

M. Soller ajoute qu'on peut, avec ce système, établir des sources artificielles d'eau parfaitement claire près des rivières ou ruisseaux qui n'ont pas une eau pure. On le pourrait également près d'une mare ou d'une citerne, pourvu qu'il soit possible de maintenir les eaux au-dessus de l'emplacement du cylindre. Cela se peut toujours, puisque l'un des principaux avantages de cette fontaine est de pouvoir être enterrée plus ou moins, afin de donner une eau aussi fraîche que limpide.

On obtient difficilement une construction intelligente de cette fontaine, parce qu'elle sort des idées reçues, et qu'il est toujours malaisé de faire faire à un ouvrier, d'une manière satisfaisante, ce qu'il n'a pas encore fait : cette fontaine est cependant combinée de manière à rendre de bons services.

§ 5. *Fontaines filtrantes de Smith, Denis Montfort, etc.*

MM. Smith, Cuchet et Denis-Montfort ont inventé plusieurs appareils ingénieux pour filtrer les eaux : ils peuvent être en bois, en pierre ou en terre cuite ; leur forme extérieure est cylindrique ou conique, à base quadrangulaire ou circulaire, à volonté : on peut se servir tout simplement d'une futaille. Il suffit d'élever l'appareil, quel qu'il soit, sur un trépied en bois d'environ trente-trois centimètres (1 pied) de hauteur, afin d'en pouvoir tirer l'eau avec facilité.

A 14 ou 17 centimètres (5 ou 6 pouces) du fond, est une première séparation en métal ou en grès, percée d'une multitude de petits trous comme une écumoire ; elle est exactement lutée contre les parois intérieures de la fontaine. On place un robinet au fond du vase pour pouvoir retirer toute l'eau contenue dans l'espace ménagé au-dessous de cette séparation. Un petit tuyau de 14 à 18 millimètres (6 à 8 lignes) de diamètre, descend du haut le long des encoignures intérieures de la fontaine, et vient aboutir dans cet intervalle. C'est par là que s'échappe ou arrive l'air, lorsqu'on remplit ou qu'on vide cette capacité.

On met d'abord sur cette première séparation un tissu de laine, et par-dessus une couche de grès pilé, d'environ 55 millimètres (2 pouces) d'épaisseur. On forme ainsi une couche de 33 centimètres (1 pied) d'épaisseur , plus ou moins, selon la profondeur de la fontaine, avec un mélange de poudre grossière de charbon de bois et de grès pilé très-fin et bien lavé. A défaut de grès , on peut employer du sable fin de rivière. On a soin de comprimer fortement cette couche, afin que l'eau qui doit la traverser reste longtemps en contact avec le charbon. Par-dessus cette couche on en met une troisième de sable et de grès pilé , de 55 millimètres (2 pouces) d'épaisseur, et l'on recouvre le tout d'un plateau ayant la forme exacte de la fontaine , parfaitement luté dans son contour. Ce plateau en grès ou en pierre est percé vers son milieu de trois ou quatre trous de 27 millimètres (1 pouce).

On place sur chacun de ces trous des champignons en grès, dont la tige creuse est percée de petits trous : la tête de chaque champignon est enveloppée d'une éponge. L'eau, en traversant les éponges, se débarrasse déjà des substances qui n'y sont que suspendues. On a soin de laver ces éponges de temps en temps.

Un petit tuyau en plomb va de ce plateau à la partie supérieure de la fontaine. Sa fonction est de donner issue à l'air contenu dans les couches de matières filtrantes, à mesure que l'eau les pénètre.

Indépendamment de ces fontaines portatives destinées aux

particuliers, ces messieurs ont imaginé un établissement en grand d'où sortent maintenant toutes les eaux nécessaires aux établissements publics, et qui en fournissent même à toutes les maisons qui désirent en avoir. Voici quelques détails qui ne sont pas sans intérêt.

En entrant dans la cour de l'établissement de Smith pour la filtration en grand des eaux de Paris, on aperçoit à droite d'immenses cuves en bois, de 5 mètres (15 pieds 5 pouces) de diamètre sur 4 mètres (12 pieds 4 pouces) de hauteur, de la contenance chacune de 1,050 hectolitres. Elles reçoivent l'eau de la rivière, qui y est amenée par trois corps de pompe mus par un manège. L'eau est prise au milieu de la rivière et amenée à l'établissement par un aqueduc de 100 mètres (300 pieds) de long. C'est dans les cuves que l'eau de la rivière commence à déposer le limon dont elle est chargée. Pour bien comprendre le mécanisme de cette opération préparatoire, il faut supposer d'abord que les cuves sont vides. On commence par en remplir une que nous désignerons par le n° 1 ; on remplit ensuite le n° 2, puis le n° 5 ; lorsque celle-ci est pleine, on fait monter l'eau du n° 1 dans les filtres dont nous allons parler, et lorsque le n° 1 est vide, on fait passer dans les filtres l'eau du n° 2, et ainsi de suite. Pendant ce temps, on remplit de nouveau le n° 1, après avoir fait sortir le limon qui était déposé au fond de la cuve. On conçoit que, par cet arrangement successif, il y a une cuve toujours pleine dont l'eau dépose son limon, une dont l'eau monte dans les filtres, et la troisième dans laquelle arrive l'eau de la rivière. Chaque cuve peut se remplir en trois heures.

La partie la plus importante et la plus curieuse de cet établissement est la salle aux filtres ; elle est placée au second étage de la maison, et toute l'eau des cuves dont nous venons de parler est montée dans cet étage où elle est purifiée.

Le même manège, qui fait mouvoir les trois corps de pompe qui aspirent l'eau de la rivière, met en mouvement trois autres corps de pompe qui prennent l'eau dans les cuves et la portent dans la salle aux filtres.

Cette salle a 29 mètres (89 pieds) de long sur 10 mètres 66 centimètres (33 pieds) de large. La fontaine en cascades, où l'eau arrive par un large tuyau, fait face à la porte d'entrée. L'eau descend en cascades dans les trois bassins inférieurs, et se rend, par le trop-plein du dernier bassin, dans des canaux qui font tout le tour de la salle, ainsi que dans des conduits semblables qui sont dans le milieu. Les canaux communiquent ensemble par des tuyaux en plomb, de sorte que, par ce moyen, l'eau fait tout le tour de la salle et la traverse dans son milieu. De ces canaux l'eau tombe dans des filtres, et, après qu'elle les a traversés, elle se rend dans deux immenses cuves semblables à celles qui sont dans la cour.

Les filtres sont des caisses prismatiques, doublées en plomb, qui reçoivent chacune l'eau que fournissent quatre à cinq tuyaux. Chacune de ces caisses est construite intérieurement comme les filtres de Smith et Cruchet ; elles ont un double fond percé de trous, sur lequel est une couche de gravier de 27 millimètres (1 pouce) d'épaisseur, puis une forte couche de charbon mêlé de petit sablon ; le tout est couvert d'une couche de gravier de 27 à 55 millimètres (1 à 2 pouces).

L'eau se rend d'abord dans des vases en plomb qui ont la forme de bouteilles couchées, solidement fixées dans les canaux. Ils soutiennent chacun une éponge qui arrête une grande partie des saletés que l'eau entraîne. Ces éponges sont changées toutes les deux ou trois heures et lavées avec soin. Un ouvrier est constamment occupé à cette opération.

L'invention des fontaines dépuratives, à cause de leur

prix élevé, n'a pas fait disparaître les fontaines domesti-
ques que l'on voit dans tous les ménages. Nous les distin-
guerons en trois sortes différentes : 1° celles des pauvres ;
2° celles des personnes qui vivent aisément de leur travail ;
5° celles des personnes plus favorisées de la fortune.

1° Un vase en grès d'environ 50 à 55 centimètres (11
pouces 2 lignes à 1 pied 4 lignes) de diamètre, sur 85 centimètres à 1 mètre (2 pieds 7 pouces à 5 pieds) de hauteur,
ayant la forme d'un cône tronqué renversé, légèrement conique, constitue cette fontaine. C'est absolument un *pot à
beurre* qui contient ordinairement trois seaux d'eau. Il est
surmonté d'un couvercle en grès ou en bois. L'eau y est
mise en dépôt ; on la tire avec un pot ou une tasse, et l'on
ne conçoit pas pourquoi l'on met au fond de 6 à 9 centimèt.
(2 pouces 5 lignes à 5 pouces 4 lignes) de sable de rivière,
puisque ce vase n'a pas de robinet et que l'eau ne filtre pas
à travers le sable. On sent que le prix de ces fontaines n'est
pas élevé, et que c'est sans raison qu'on leur donne le nom
de fontaines.

2° La fontaine de la seconde classe a la forme de la fontaine domestique qui a été décrite au commencement de ce
paragraphe. Vers le tiers de la hauteur, est un diaphragme
en grès percé de beaucoup de trous. On étend au-dessus un
morceau de flanelle qui remplit toute la surface et lute bien
les bords, on répand par-dessus 6 à 9 centimètres (2 pouces 5 lignes à 5 pouces 4 lignes) de sable fin de rivière.

Au tiers de la hauteur est encore placé un second diaphragme semblable au premier, et, comme lui, percé de
beaucoup de petits trous. Un petit tube en plomb descend
du bord supérieur jusqu'au-dessous du second diaphragme,
afin de donner issue à l'air, qui remplit la capacité inférieure, lorsqu'il n'y a pas d'eau. Un couvercle en grès
ferme le dessus de la fontaine.

Lorsqu'on verse l'eau sur le premier diaphragme, celui-ci la retient et l'empêche de tomber en masse sur le sable, ce qui ferait des creux et rendrait le filtre inégal. Par ce moyen, l'eau se tamise au travers du sable sur lequel elle dépose son limon et tombe dans la partie inférieure d'où on la tire par le robinet. Cette fontaine est ordinairement enveloppée d'un tissu en osier pour éviter les chocs; elle est portée sur un trépied en bois.

3° La troisième espèce, qu'on nomme *fontaine filtrante*, est plus élégante. Elle a la forme d'un parallélipipède rectangulaire; elle est construite en pierre mince de 19 à 22 millimètres (8 à 10 lignes) d'épaisseur, à grain fin, et dont la texture est serrée : on la nomme *pierre de liais*. On en fait aussi de très-belles en marbre poli. Les cinq plaques qui la forment sont unies par le mastic des fontainiers. Elle repose sur un trépied en bois, comme la précédente. Sa partie supérieure est ouverte, on la ferme avec une planche. Ces fontaines en pierres de liais sont peintes extérieurement de trois couches à l'huile, imitant le granit.

L'intérieur de la fontaine, vers le bas, est divisé en deux parties par deux plaques minces de *grès filtrant*, qui forment une chambrette de la contenance d'environ un seau d'eau. Un tube de plomb communique, comme dans la fontaine précédente, depuis le bord supérieur jusque dans la chambrette, et pour le même usage. Deux robinets en étain sont placés au bas de cette fontaine, l'un correspond à la petite chambrette et donne l'eau filtrée, l'autre correspond à l'autre partie qui donne l'eau telle qu'on l'a mise dans la fontaine. On boit la première, on se sert de l'autre pour des usages plus grossiers et qui n'exigent pas une eau aussi limpide.

On remplit la fontaine d'eau : au bout d'un quart d'heure, la chambrette se trouve pleine d'eau très-limpide; mais elle n'est pas dépurée comme celle qu'on retire des fontaines dépuratoires.

La vase qui salissait l'eau, se dépose sur les parois du grès filtrant, ce qui fait qu'on doit souvent nettoyer le bas de la fontaine : sans cette précaution, les pores du grès se boucheraient, et le filtre ne laisserait plus passer d'eau.

Depuis la première édition de cet ouvrage, de nouvelles améliorations et un nouveau luxe ont signalé ces fontaines à l'attention publique ; elles sont excellentes, mais il en est d'autres qui luttent contre elles avec avantage.

§ 6. *Fontaine filtrante de Ducommun.*

M. Ducommun a sensiblement amélioré les fontaines filtrantes de MM. Smith et autres, dont il a été l'associé. Ses filtres à charbon ont la double propriété de clarifier les eaux troubles et de désinfecter les eaux corrompues.

Les fontaines Ducommun joignent au mérite de bien filtrer, celui d'une forme élégante qui permet de les mettre dans les vestibules et les salles à manger. Elles ont tantôt la forme d'une colonne, tantôt celle d'un pilastre ou d'un vase : elles sont soit en grès, soit en pierre, soit en marbre. Leur prix est de 24 à 80 francs, selon leur étendue ; celles de marbre coûtent de 90 à 150 fr.

Les filtres dépurateurs ne sont pas susceptibles d'altération par eux-mêmes : la durée de leur service se prolonge par l'attention de ne les employer qu'à l'usage auquel ils sont destinés, et par la précaution de n'y passer que les eaux les moins mauvaises. Le seul soin qu'ils exigent est celui d'une grande propreté.

Le filtre est maintenu et recouvert par un diaphragme mastiqué autour du vase : une éponge se trouve placée dans le centre. L'eau ne s'introduit dans le filtre qu'en la traversant. On lave cette éponge aussi souvent qu'il le faut pour éviter qu'elle ne s'obstrue de limon ; on enlève aussi, de temps en temps, avec une éponge, la vase déposée sur le diaphragme.

Il ne faut remettre l'éponge qu'après avoir répandu un peu d'eau dans le bassin supérieur, afin que l'air qui s'interpose entre le filtre et le diaphragme puisse s'échapper. Quelquefois la filtration se trouve arrêtée parce que cet air n'a pas eu d'issue. L'eau le chasse dès qu'on ôte l'éponge, et le filtre reprend sa marche. Si dans quelques circonstances cela ne suffisait pas, il faudrait, pour remettre le filtre en train, souffler par le robinet en bouchant le bout du tuyau d'air qui communique au réservoir de l'eau filtrée.

Si le mastic qui joint le diaphragme au vase s'en trouvait détaché, il faudrait faire sécher le vase, puis passer un feu chaud sur le mastic en le ramenant vers les parois du vase. Ce mastic devient solide dès qu'il est froid, on ne doit pas en employer d'autre.

Si l'eau refusait de devenir claire, par l'effet des ballottements ou des secousses que la fontaine aurait reçus en voyage ou autrement, on remplirait constamment d'eau le bassin supérieur, et on laisserait longtemps marcher à robinet ouvert. Le filtre le plus maltraité se rétablit ainsi, quand il n'a pas éprouvé d'avaries majeures.

Lorsqu'on ne sera pas dans le besoin de faire usage de l'eau filtrée, ni de se servir de la fontaine, on aura soin de couler l'eau, de laisser le robinet ouvert et de lever les éponges.

Le robinet, pour être d'un service bon et durable, doit être graissé avec une pommade d'huile et de cire fondues ensemble ; la clef du robinet doit être entretenue bien serrée.

Toutes les fontaines à filtre en poterie doivent être, durant les froids rigoureux, préservées contre la gelée, soit en les tenant dans des caves tempérées ou dans un lieu chaud, soit en les enveloppant d'une couverture de laine, lors même que la fontaine ne contient pas d'eau, parce que le filtre en retient suffisamment pour se geler et faire casser le vase.

Des bidons.

Les bidons sont des filtres de voyage, sous forme de cylindre. Pour s'en servir, on ôte le gobelet qui emboîte la partie supérieure ; on l'adapte à la partie inférieure, afin de recevoir l'eau filtrée ; on peut, si on aime mieux, suspendre le bidon par ses agrafes, et recevoir l'eau filtrée dans un autre vase.

La première eau arrive lentement et n'est pas la plus parfaite : on peut la repasser sur le filtre.

Si la filtration se ralentissait au bout d'un long service, on renverserait le bidon imprégné d'eau dans le temps de sa filtration. L'eau, sortant par le réservoir supérieur, entraînerait les saletés obstruantes.

Le tassement du haut en bas des matières filtrantes peut gêner la filtration. Pour détruire l'effet de ce tassement, on tient le bidon renversé sens dessus dessous, et on frappe à très-petits coups sur une table.

Des boîtes à filtre.

Elles se nomment ainsi, parce que le filtre est contenu dans une boîte de plomb ou de pierre. Elles se placent dans un tonneau ou dans un bassin quelconque : elles portent une cannelle dans la partie inférieure, pour donner issue à l'eau ; on fait ressortir la cannelle par un trou pratiqué dans le tonneau, à la hauteur convenable. Il faut la luter avec des étoupes garnies d'un mastic fait de suif fondu et de blanc d'Espagne.

§ 7. *Appareil de filtration et désinfection des eaux.*

MM. Maillard et Berry ont, en 1841, mis dans le commerce un appareil de désinfection des eaux, dont la description doit trouver ici sa place.

L'appareil qui sert à la désinfection se compose d'un cylindre fermé hermétiquement, dans lequel se place un tube d'un diamètre égal au vide et d'une longueur moindre.

A la partie inférieure du cylindre se trouve un dégorgeoir ; au côté opposé on fixe, à l'aide d'écrou et par une ouverture circulaire pratiquée à ce cylindre, un tuyau ; à quelques centimètres de cette ouverture, on soude un robinet. La partie supérieure du cylindre est fermée par un couvercle avec des boulons. Au centre de ce couvercle on ajuste, par une ouverture qui y est pratiquée, un bout de tuyau qui va se joindre au robinet ; il y a deux diaphragmes. La descente du tube au fond du vase est empêchée par un rebord circulaire qui se trouve pris entre le rebord du vase et le couvercle ; le tuyau communique à un réservoir qui reçoit les eaux à désinfecter. Au fond du tube intérieur on place un tissu serré, tendu par un cercle de fer, sur lequel on étend une couche de 4 à 5 centimètres (1 pouce 6 lignes à 1 pouce 10 lignes) de charbon animal bien fin, puis 15 à 16 centimètres (5 pouces 8 lignes à 6 pouces) de poussier de charbon animal, mélangé de deux fois son volume de charbon végétal ; au-dessus on en range une troisième composée d'un mélange de 10 parties charbon végétal pulvérisé, 5 parties charbon animal pulvérisé, et 2 parties et demie de chlorure de chaux ou autre chlorure alcalin ; on met le diaphragme et l'on range dessus un lit d'éponge, ayant soin de ne pas boucher l'arrivée de l'eau avec elles ; on ferme hermétiquement. Le temps que dure l'opération dépend de la qualité des eaux et de la grandeur de l'appareil.

Les eaux ordinaires de citerne, de mare ou de rivière, passent assez vite ; celles qui sont chargées de matières animales passent lentement et nécessitent souvent le changement des tubes. La figure et les détails de cet appareil se trouvent dans le tome 45, page 249, de la *Description des machines*.

Lorsqu'il s'agit de désinfecter des eaux pour le ménage ou pour des opérations industrielles qui n'en exigent pas une grande consommation, on arrive assez facilement au même résultat au moyen d'un filtre qui peut s'adapter à toutes les fontaines ordinaires ; 4 à 5 centimètres (1 pouce 6 lignes à 1 pouce 10 lignes) de charbon végétal, placés dans le fond d'un bassin troué comme un filtre à café, couverts d'un morceau d'étoffe de laine attaché aux bords du bassin, sur lequel on met une couche de sable très-gros, une de charbon animal et une de sable fin, toutes de 3 à 4 centimètres (1 pouce 2 lignes à 1 pouce 6 lignes), forment un appareil simple, peu dispendieux et excellent. L'eau qui en découle passe ensuite dans le filtre de la fontaine et en sort aussi pure que celle qui nous vient du ciel.

CHAPITRE II.

DES SONDAGES ET FORAGES DES FONTAINES JAILLISSANTES.

Les machines à l'aide desquelles on opère le sondage des puits artésiens ou fontaines jaillissantes, ont été perfectionnées par plusieurs ingénieurs et notamment par MM. Garnier et Degousée. Ce dernier prit, en 1829, un brevet d'invention pour la composition d'une machine qui brise la pierre à quelque profondeur que ce soit, qui retire les tringles et autres outils surchargés, engagés ou cassés ; qui enfonce les tuyaux et coffres au moyen d'un mouton élevé par des rouages et qui tombe de tout son poids par effet d'échappement. On trouve, dans la *Description des machines*, tome 40, les détails les plus étendus sur la forme de la charpente nécessaire sur la manœuvre et l'action du mouton, sur les outils qu'emploie M. Degousée. Tout cela étant sa propriété, il peut, quand il lui plaît, modifier, supprimer une partie de son outillage ; aussi, nous ne faisons qu'indiquer la source où l'on peut puiser des renseignements. Quant à l'ouvrage de M. Garnier, il contient des principes généraux qui ont une grande utilité pour ceux qui veulent comprendre et pratiquer l'art du fontainier ; nous nous étendrons donc davantage afin d'éviter aux artistes des recherches que souvent ils ne peuvent pas faire sans se mettre au courant des idées nouvelles.

§ 1er. *Des eaux souterraines.*

La connaissance la plus précieuse du mécanicien-fontainier est celle des eaux souterraines et de la distance à laquelle elles se trouvent de la superficie du sol : connaissances très-problématiques, quoiqu'en disent certains sondeurs, puisque la plupart d'entre eux se trompent fort souvent de 50, 100 et même 200 mètres. Il y a sous ce rapport des phénomènes inexplicables. Par exemple, trois sondages sont opérés très-près les uns des autres : les deux premiers ne produisent rien ; le troisième allait être abandonné, quand la sonde amena, de 35 mètres, une terre bleuâtre et très-collante : on l'a percée, et l'eau jaillit de suite jusqu'à la surface du sol.

Or, il est évident, dans ce cas, que ces eaux ne se sont élevées au jour que parce qu'on leur a donné la facilité de traverser la couche argileuse qui les retenait captives au-dessous de la masse calcaire traversée par trois sondages successifs. Mais comment le sondeur n'a-t-il pas prévu cette couche argileuse, et comment se fait-il encore que de deux forages effectués dans le même bassin, l'un donnera à 80 mètres une colonne d'eau abondante s'élevant de 4 à 5 mètres au-dessus du sol, l'autre, arrivé à 120 mètres, ne produira que des cailloux et du sable sans la moindre trace d'humidité ?

Il faut remarquer, dit M. Garnier, que l'on ne peut trouver des fontaines montantes de fond dans le haut pays, qu'en établissant les travaux de recherche au fond des vallées qui y ont été creusées par l'action érosive des eaux, parce que s'ils étaient situés au-dessus du plus bas-fond de ces vallées, on augmenterait alors, à mesure qu'on s'élèverait sur leurs flancs, la distance qui existerait entre la surface à laquelle l'eau se tiendrait stationnaire et celle où seraient situés les travaux de sondage.

Il est évident que si l'on perce les couches argileuses, les eaux s'élanceront à partir de l'endroit où elles exercent leur plus forte pression, contre les couches de terrain qui les recouvrent, avec une vitesse dépendante de cette pression, et qu'elles s'élèveront à une hauteur d'autant plus grande, que la différence entre la vitesse qu'elles acquerraient, en raison de la hauteur totale du réservoir, et celle qu'elles ont au moment où elles se répandent au jour par des ouvertures naturelles, sera plus petite. Si elles n'avaient aucune vitesse, comme par exemple si elles étaient retenues dans le fond d'un bassin, elles s'élèveraient alors à une hauteur égale à celle qui existerait entre les points d'où elles commencent à s'infiltrer dans le sein de la terre, et ceux d'où elles commencent à s'élancer. D'un autre côté, pour que ces eaux jaillissent à la surface du sol, il faut qu'elles ne puissent pas se répandre toujours en profondeur, soit dans le calcaire crayeux , soit dans d'autres terrains inférieurs. Il faut donc que des terrains compactes se trouvent au-dessous de ce calcaire, ou que les parties inférieures de cette roche ne contiennent plus de fissures : or, c'est ce qui existe dans un grand nombre de localités. D'après de nombreuses observations recueillies dans divers endroits, et particulièrement à Valenciennes et à Monchi-le-Preux, près Arras, on a en effet pu se convaincre que des terres argileuses très-compactes se trouvent au-dessous du calcaire crayeux. M. d'Aubuisson, dans son *Traité de Géologie*, les comprend même dans la formation crayeuse qui consiste, à Valenciennes, en une alternative de couches de calcaire et d'argile. Ces argiles sont d'une formation plus ancienne que celles qui existent en bancs horizontaux au-dessus de la craie ; et quoiqu'elles paraissent avoir des caractères presque identiques avec ces dernières, leur gisement leur assigne cependant une place différente dans l'âge relatif des roches, lequel ne pourrait être apprécié, si l'on ne considérait que leurs caractères minéralogiques.

Les eaux se répandent, dans le département du Pas-de-Calais, à partir du haut pays, à l'aide des fissures sans nombre dont sont traversées les couches de craie, qui, ayant entre elles différents points de communication, facilitent l'infiltration de ces mêmes eaux jusqu'au-dessous des terrains du bas pays. Quelques expériences faites à Béthune peuvent ajouter un nouveau degré de certitude à cette opinion, et donner la preuve que les eaux des fontaines jaillissantes des environs de cette ville, de Choques, de Lillers, etc., proviennent du pays supérieur, situé au sud-ouest. Ces expériences ont été faites sur deux fontaines creusées à Béthune, près de la place-d'armes, peu éloignées l'une de l'autre, et situées sur une ligne qui passerait par cette ville et celle de Saint-Pol.

Comme elles avaient pour but de déterminer quelle pouvait être la direction de la pente des eaux qui donnent naissance à ces fontaines, on a fait donner quelques coups de piston dans les buses de celle située au sud-ouest de la seconde. L'eau qu'elle produisit, au lieu d'être transparente, acquit une couleur laiteuse que lui donnèrent les pierres calcaires ramenées par la force d'aspiration. Presqu'au même instant, les eaux produites par la seconde fontaine acquirent aussi une couleur laiteuse. Or, ce fait très-simple ne peut avoir lieu que parce que les eaux de ces deux fontaines communiquent ensemble, et que leur pente se dirige du sud-ouest au nord-ouest. On remarque, en outre, que si l'ouverture de la première de ces fontaines est réduite de manière à ne laisser qu'une petite issue à l'eau qui tend à s'échapper avec une certaine force, par l'ouverture qu'on lui donne ordinairement, le même volume d'eau produit par la seconde fontaine, est, dans un même intervalle de temps, beaucoup plus considérable.

Nous avons cherché à décrire la constitution géologique du Pas-de-Calais, parce que cette localité nous semble une des plus intéressantes à examiner pour avoir des idées précises des fontaines jaillissantes ; mais afin de faire voir que les faits déduits de cette localité peuvent être généralisés, nous remarquerons que des fontaines jaillissantes, construites dans les environs de Boston, en Amérique, sont, comme celles du Pas-de-Calais, alimentées par des eaux qui proviennent du calcaire crayeux, et que des travaux exécutés à Scheerness, en Angleterre, au confluent de la Medway et de la Tamise, ont de même prouvé qu'il existait, à 320 mètres (960 pieds) au-dessous, des bancs argileux, du calcaire crayeux, contenant des eaux très-pures et très-limpides. Aussitôt que l'on a percé la couche argileuse qui les comprimait, elles se sont élevées à la hauteur de 318 mètres (954 pieds); mais ensuite elles sont redescendues, et sont restées stationnaires à 60 mètres (180 pieds) au-dessous de la surface du sol. Ce mouvement ascensionnel provient sans doute de l'oscillation qu'elles ont éprouvées lorsqu'on a détruit la pression qu'elles exerçaient contre les couches argileuses superposées au calcaire. On peut, en effet, considérer le puits qu'on a ouvert comme une des branches d'un siphon dont les fissures souterraines forment l'autre branche. Le terrain traversé à Scheerness est, comme on sait, rangé dans la classe des terrains de nouvelle formation, et il a beaucoup d'analogie avec ceux qui recouvrent, dans le département du Pas-de-Calais, le calcaire crayeux. En effet, il est principalement composé de sables de diverses couleurs, mélangés de terre verte et de silex roulés, d'argile noirâtre très-tenace, et semblable à quelques variétés de celles que l'on voit dans les coupes de terrain dont nous avons fait mention. Souvent cette argile est mêlée de terre verte, de sable, et renferme quelquefois, avec des pyrites, des morceaux de calcaire.

Les mêmes terrains se sont trouvés à Saint-Denis aux bords de la Seine, à Grenelle, à Tours, à Orléans, et sans doute encore dans beaucoup d'autres localités où des forages de fontaines jaillissantes ont été effectués ou tentés.

Je dis effectués, parce qu'en effet ceux de Saint-Denis et de Tours ont donné des résultats très-satisfaisants; je dis tentés, parce que les forages d'Orléans n'ont été suivis que de procès entre l'entrepreneur et le propriétaire qui avait traité avec lui, et que les marchés ont été résiliés après d'inutiles efforts pour arriver aux sources jaillissantes.

Cette circonstance où des intérêts pécuniaires graves étaient engagés, où des intérêts d'amour-propre et d'art n'étaient pas moins puissants, prouve encore une fois combien les calculs sur la découverte des eaux sont fautifs, et combien il faut se défier des promesses que font les chimistes ou plutôt les alchimistes hydrauliques, qui prétendent, à l'aide de leurs baguettes divinatoires et de leurs connaissances des métaux, indiquer des sources d'où l'on peut tirer des fontaines jaillissantes.

Ces sources existent partout ; vous ne pouvez frapper du pied sans fouler une source, mais à quelle distance est-elle ? voilà la question scientifique insoluble. Que produira-t-elle ? que coûtera-t-elle ? voilà deux autres questions d'intérêt pécuniaire ou industriel qu'il faut également résoudre approximativement avant d'entreprendre des travaux dispendieux. Je dis qu'il faut résoudre approximativement ces questions, parce que l'on ne peut exiger de personne un engagement précis sur de telles matières. Aussi, le fontainier prudent, qui veut traiter d'un forage et de tous ses accessoires, doit-il, dans l'estimation des frais de sondage, prendre ses coudées franches ; il faut, pour ne pas perdre, qu'il s'expose à gagner beaucoup. Le propriétaire, ou la commune qui traite avec lui, doit de son côté, s'attendre à ce que le sacrifice qu'elle veut faire sera excédé d'un cinquième ou d'un quart par des dépenses imprévues.

Le mécanicien-fontainier peut aisément évaluer tout ce qu'il en coûtera pour les tuyaux, les bassins, les moteurs quels qu'ils soient, et l'on doit à cet égard tenir rigoureusement à l'exécution des conventions arrêtées ; mais, quant aux opérations du sondage, il doit toujours, dans les prix, y avoir quelque chose d'aléatoire de la part des parties contractantes.

Les traités se font ordinairement à tant le mètre de profondeur, depuis un jusqu'à 50, tant depuis 50 jusqu'à 100, et ainsi de suite, ou bien à forfait. Dans le premier cas, les chances sont partagées ; dans le second, elles sont presque toutes contre l'entrepreneur fontainier ; car, la personne qui traite avec lui connaît à l'avance le sacrifice qu'elle veut faire, et le fontainier ignore complètement ceux qu'il peut avoir à supporter. Cependant, comme il traite presque toujours en même temps avec plusieurs personnes, il faudrait un concours de circonstances bien extraordinaires, pour qu'il ne courût pas en même temps des chances de gain et de perte.

Ces notions préliminaires bien établies, nous allons maintenant nous rapprocher du centre de la France, pour généraliser nos idées ; puis nous examinerons dans un paragraphe suivant ce qui concerne la salubrité des eaux ; les terrains les plus propres à les fournir et les moyens les meilleurs pour les extraire ou les faire jaillir à la surface de la terre.

§ 2. *Des eaux souterraines près Paris.*

M. Héricart de Thury a bien voulu nous transmettre quelques renseignements sur les différentes espèces de terrains qu'ont fait reconnaître les sondages entrepris près de Paris, à la barrière de Fontainebleau, et à la papéterie de Courtalin, près de Coulommiers, département de Seine-et-Marne ; ces sondages tendent à prouver que les eaux les plus abondantes et les meilleures qu'on recherche dans le bassin de la Seine, mais bien au-dessous de cette rivière, sont situées dans le calcaire crayeux au-dessous de terrains dont les formations sont analogues à celles dont nous avons déjà parlé.

Dans le puits foré de la brasserie de la Maison-Blanche de la barrière de Fontainebleau, on a reconnu, sur une hauteur de 39 mètres 50 centimètres (121 pieds) les différentes couches de terrains qui recouvrent le calcaire crayeux dont le fond du bassin de Paris est formé.

Voici le détail de ces différentes couches de terrains :

Marnes calcaires et formation du calcaire marin.

Terre, sable et gravier	3^m 82^c.
Marnes spatiques.	0 81
Marnes à coquilles marines.	1 22
Roches	0 65
Haut banc.	0 65
Bancs exploités par les carriers.	2 60
Lambourdes.	3 41
Grand coquiller blanc.	2 53
Grand coquiller rouge.	2 08
Banc coquiller nacré.	1 46
Banc coquiller chlorité.	1 11

Glaises et sables de la formation des glaises.

Glaise bleue dite reteinte.	3 25
Glaise blanchâtre.	1 95
Glaise verdâtre.	1 95
Glaise grise-rouge panachée.	1 62
Glaise grise dite la belle.	1 62
Glaise noire pyriteuse.	0 97
Banc gris-noir pyriteux.	0 35
Sable siliceux-argileux, alternant avec des veines de glaise sableuse d'un gris noirâtre. .	7 47
	———
	39 50

Immédiatement au-dessous de ces terrains existe la grande formation de calcaire crayeux dont l'épaisseur est inconnue.

Les eaux trouvées dans les couches argileuses, et réunies au fond d'un puits dont on a élevé la maçonnerie sur un

fort rouet de charpente établi à peu près au milieu de la
dernière couche de glaise noire pyriteuse reconnue, ne
pouvant suffire aux besoins auxquels on les destinait, on ré-
solut de pousser le sondage jusqu'à ce qu'on en pût trouver
de plus abondantes. On passa d'abord un banc noir argilo-
pierreux et pyriteux d'une très-grande dureté et de 33 centimètres (1 pied) d'épaisseur, et aussitôt qu'on l'eût traversé,
la sonde, d'après les expressions de M. Héricart de Thury,
« comme si elle eût échappé des mains des ouvriers, glissa
» tout-à-coup de 7 mètres 47 centimètres (23 pieds) de hau-
» teur, ainsi qu'elle eût pu le faire si elle fût tombée ou si elle
» se fût perdue dans une fente profonde ; c'est à la manivelle
» qui était passée dans l'œil de la première tige, que ces ou-
» vriers durent sa conservation : car, sans cet obstacle, qui l'ar-
» rêta au fond du puits où ils se trouvaient placés, elle fût pro-
» bablement tombée à une plus grande profondeur, puisqu'ils
» ont déclaré : 1° que cette sonde, lorsqu'ils voulurent la reti-
» rer, leur paraissait tombée dans un vide ; 2° qu'elle ne
» portait pas sur un terrain ferme ou solide par sa partie in-
» férieure ; et 3° qu'elle était agitée ou mise en mouvement
» ainsi qu'elle aurait pu l'être par un fort courant : ce ne fut
» qu'avec beaucoup de peine qu'ils parvinrent à la retirer ;
» déjà l'eau les gagnait et gênait les manœuvres, mais aus-
» sitôt qu'ils eurent enlevé la sonde et qu'ils l'eurent entière-
» ment dégagée de l'orifice du coffre, il jaillit tout-à-coup
» dans le puits, par-dessus leur tête, à près de 10 mètres
» (30 pieds) de hauteur, un volume d'eau considérable,
» dont la force et l'abondance étaient telles, qu'ils eurent à
» peine le temps de se faire enlever, et qu'ils furent obligés
» de laisser au fond du puits, sondes, tiges, instruments,
» outils et tous les déblais du sondage. »

Si, au lieu de chercher des eaux centrales à l'aide des travaux dispendieux que l'on a entrepris à la barrière de Fon-

tainebleau, on avait d'abord commencé les sondages à la surface du sol, et qu'on eût exécuté les travaux convenables en tout sondage de fontaine jaillissante, les ouvriers n'eussent été exposés à aucun danger ; les eaux, retenues dans les buses, eussent constamment été limpides, et les dépenses n'eussent pas été comparables à celles que l'on a faites.

§ 3. *Salubrité et insalubrité des eaux.*

Lorsqu'on entreprend des sondages pour établir des fontaines jaillissantes, on rencontre quelquefois des masses d'eau considérables qui proviennent des couches supérieures au calcaire crayeux ; mais ces eaux, dont le goût et l'odeur sont presque toujours désagréables, ne sont point celles qu'on veut obtenir. Elles n'éprouvent pas d'ailleurs une assez forte pression pour parvenir au jour, parce qu'elles ont simplement transsudé à travers les couches horizontales des terrains de nouvelle formation, et ne sont point descendues des lieux élevés d'où partent celles qui sont contenues dans les fissures du calcaire crayeux. Les premières eaux, en traversant les couches d'argile dans lesquelles se trouvent à peu de distance les uns des autres des groupes de pyrites ferrugineuses, sont totalement viciées, et ne peuvent être d'aucun usage. Aussi, les travaux que l'on entreprend pour se procurer des fontaines jaillissantes ont-ils toujours pour but principal d'isoler ces eaux corrompues de celles qu'on rencontre dans le calcaire. Ces dernières sont ordinairement très-saines, très-légères, d'une limpidité parfaite, et n'éprouvant jamais de variations dans leur nature. Les différentes analyses chimiques auxquelles elles ont été soumises n'y ont fait connaître qu'une quantité presque inappréciable de sels à base de chaux, les seuls qui cependant pourraient en altérer la pureté.

Il y a sans doute des exceptions à cette règle, mais nous parlons pour les cas généraux. Les exceptions elles-mêmes ne frappent qu'au premier abord, et il arrive souvent que l'eau se modifie à mesure que les travaux se complètent; ainsi, on a observé à Tours, à Grenelle, que l'eau, au moment de son élévation subite, a été plus ou moins chaude, et qu'elle s'est refroidie, plus ou moins mêlée de glaise délayée de sable, de fragments de silex, et qu'elle s'est éclaircie; on ne peut donc avoir une idée bien précise de la qualité de l'eau que lorsque les travaux sont entièrement terminés et les tubes posés. On comprend, en effet, que tant que le tubage n'est pas complet, la compression de l'eau ascendante peut entraîner des matières étrangères à la nappe d'eau, qui en modifient singulièrement la qualité.

Les roches de calcaire situées au-dessous des terrains de nouvelle formation, sont les seules dans lesquelles on doit rechercher des eaux souterraines. Nous savons, en effet, qu'il suffit qu'une couche perméable soit contenue entre des couches sensiblement imperméables, pour donner lieu à des fontaines jaillissantes; et, d'après les faits que nous avons rapportés, on doit en conclure que si la couche perméable présente des affleurements dans des lieux élevés qui lui permettent de recevoir les eaux extérieures des pluies, des rivières et des ravins, et qu'ensuite elle se propage entre les couches imperméables, en descendant dans les lieux les plus bas, sans que ces eaux aient d'issue pour s'épancher au moins en entier; il suffira, pour obtenir dans ces lieux des fontaines montantes de fond et quelquefois jaillissantes au-dessus du sol, de percer la couche supérieure imperméable, et de garantir l'épanchement des eaux le long de la paroi du trou ascendant. Or, puisque ce sont là les conditions qu'il faut rencontrer pour obtenir de ces fontaines, on conçoit très-bien, d'après les différentes natures de terrains que nous connaissons, que *le calcaire est le seul dans lequel on devra rechercher des eaux souterraines*. Nous avons en effet montré qu'en raison de son gisement, il se trouve souvent contenu entre des couches argileuses imperméables, que, de plus, les affleurements de ce calcaire paraissent souvent au jour dans les parties du pays les plus élevées, et qu'il se prolonge ensuite indéfiniment dans les lieux les plus bas ; qu'enfin il est traversé dans toutes sortes de sens par des fissures sans nombre, qui permettent à l'eau de s'y répandre et d'y circuler avec une grande facilité. Nous citerons même encore, pour donner plus de poids à ce que nous avons avancé relativement à ces fissures, des observations faites par M. l'inspecteur général des mines, Gillet de Laumont. En examinant les grottes de Ramogne, situées dans le département de la Charente, il a reconnu qu'elles doivent leur origine aux deux rivières portant les noms de *Bandiat* et de *Tardoire*, dont les eaux se perdent dans les fentes de roches calcaires. Les excavations produites par ces rivières communiquent les unes aux autres, et on peut les parcourir sous terre pendant l'espace d'un myriamètre (2 lieues). Elles renferment des ruisseaux capables de faire tourner des moulins, des grottes et des cavités immenses, dans lesquelles l'infiltration des eaux produit des stalactites (1) et des stalagmites (2) gigantesques. En entraînant continuellement avec elles des parties calcaires, elles augmentent ces cavités et produi-

(1) *Stalactites*, concrétions pierreuses qui se forment dans les grottes souterraines et qui ressemblent aux glaçons qui pendent aux arbres, aux rochers des montagnes glacés, ou aux toits des maisons pendant l'hiver.

(2) *Stalagmites*, concrétions de même nature, mais de formes différentes, ressemblant assez à des incrustations ou à de petits mamelons suspendus.

sent quelquefois des éboulements considérables. Ces eaux donnent ensuite naissance, à quelques kilomètres de là, dans une vallée inférieure, à plusieurs fontaines jaillissantes naturelles, au-dessus de quelques flaques d'eau qu'elles alimentent, et sortent à peu de distance au pied d'un rocher très-élevé, pour former la rivière de Touvres, qui, à 2,400 mètres (7200 pieds) de sa source, fait tourner 12 à 15 roues hydrauliques de la belle fonderie à canons de Ruelle, près d'Angoulême. Un autre fait que l'on remarque dans le département du Pas-de-Calais, et qui a de très-grands rapports avec ceux que nous venons de citer, c'est qu'au bas de l'énorme escarpement vertical de calcaire du cap Blanc-Nez, des jets d'eau sortent avec une grande vitesse des fentes de ce calcaire, et en détruisent peu à peu la partie inférieure. Il est donc certain que ces eaux proviennent de montagnes éloignées, et que par une suite continue de fissures existantes dans le calcaire de ces montagnes, elles se répandent dans toutes sortes de sens, et se montrent au jour au Blanc-Nez, parce que l'escarpement qui existe leur en donne la facilité.

Toute autre espèce de roche que le calcaire ne pourrait pas présenter les mêmes avantages pour la recherche des fontaines montantes de fond. Ainsi, on ne doit pas établir de travaux dans les terrains primitifs, tels que les granits, les gneiss, les porphyres, les serpentines, etc., qui, presque tous, n'offrent que des roches peu fendillées et dont les fentes surtout ne s'étendent qu'à une petite profondeur. L'expérience prouve que les eaux que recèlent ces terrains y sourdent de tous côtés à une faible distance de la partie supérieure par laquelle elles s'y infiltrent. Dans les terrains de calcaire, les fissures se propagent au contraire à de grandes distances, soit en largeur, soit en profondeur, les eaux peuvent alors circuler avec facilité, et se répandre au-dessous des vallées dont le fond est presque toujours recouvert par des terrains d'argile, de sable, de cailloux roulés, etc. On doit aussi s'abstenir de rechercher des eaux dans les terrains schisteux (1), parce que les pyrites ferrugineuses (2) qu'ils renferment se décomposent facilement, communiquant à l'eau qu'on y rencontre l'odeur et le goût du gaz hydrogène sulfuré.

Dans tous les cas, la première chose à faire, lorsqu'on obtient une fontaine jaillissante, est de la faire analyser et de renouveler l'opération plusieurs fois avant de l'adopter pour les besoins de l'homme.

§ 4. *Recherche des terrains propres à donner des fontaines jaillissantes.*

Avant de commencer des travaux de sondage pour rechercher des eaux souterraines, il sera nécessaire d'avoir une parfaite connaissance de la constitution tant superficielle qu'intérieure du pays dans lequel ces travaux seront entrepris. Cette constitution devra être connue sur la plus grande étendue possible; et l'on devra en même temps recueillir toutes les données qui pourront indiquer quelle est la liaison de ce pays ou de ce terrain avec ceux qui l'environnent. En en parcourant la superficie, on remarquera s'il existe des affleurements de calcaire crayeuse dans les parties les plus élevées, ou si la couche végétale dont il peut être recouvert est

(1) *Schisteux*, terrains remplis de pierres qui se séparent par feuilles comme l'ardoise, quelle que soit la couleur de ces pierres.

(1) *Pyrites ferrugineuses.* La pyrite n'est pas seulement ferrugineuse, elle peut être cuivreuse et même arsénicale; la pyrite est un minéral blanc, jaune vif ou jaune pâle, qui se compose de feu de soufre ou d'arsenic et de cuivre.

peu épaisse. Dans le cas où l'on découvrirait de ces affleu-rements, on examinera les vallées et l'on s'assurera par quel-ques sondages provisoires, ou en consultant la succession des couches traversées par les puits les plus profonds du pays, si le calcaire crayeux qui se montre au jour dans les parties élevées se prolonge au-dessous des terrains de transport dont le fond de ces vallées est ordinairement recouvert. En explo-rant ainsi un pays, si l'on reconnaît qu'il a de très-grands rapports avec ceux dans lesquels on a découvert des fontaines jaillissantes, on pourra alors se livrer aux travaux que leur percement exige. Les indices d'après lesquels ils seront en-trepris, indiqueront en effet des terrains propres à la recher-che d'eaux souterraines, puisqu'ils offriront, d'après ce que nous avons dit précédemment, toutes les conditions qu'exige l'é-tablissement des fontaines jaillissantes ou montantes de fond. Quant à la hauteur de ces eaux dans les tuyaux ou buses à l'aide desquels on les isole du sol environnant, il est impos-sible de la déterminer *à priori*, puisqu'elle dépend de la diffé-rence qui doit exister entre le point d'où elle commence à s'infiltrer dans la partie supérieure des roches calcaires, et l'endroit d'où l'on veut les faire jaillir. Or, comme la hau-teur du premier point au-dessus d'un plan horizontal donné reste inconnue, on ne peut avoir sur cet objet que des don-nées très-incertaines, mais elles dépendront toujours de la configuration extérieure du sol.

Nous ferons ici une observation importante, c'est qu'il peut arriver qu'un trou de sonde tombe sur des fissures rem-plies d'eau, sans qu'elle puisse pour cela s'élever au-delà de quelques mètres de l'endroit où on l'aura rencontrée, quoi-que cependant ces fissures soient sans cesse entretenues par des eaux provenant de très-grandes hauteurs. En effet, si cette eau peut avoir une issue dans une vallée voisine plus profonde que celle dans laquelle on aura établi des travaux de sondage, et que cette issue soit plus petite que la grandeur de ces fissures, il est évident que l'eau ne s'élevera dans le trou de sonde qu'en vertu d'une pression, qui sera la différence entre celle qu'elle exercerait contre la couche argileuse, si elle n'avait pas d'issue, et dépendante dans ce cas de la hauteur totale de l'eau du réservoir, et celle moins forte due à la vitesse que cette eau acquerrait par suite de l'issue qu'elle pourrait avoir dans une autre vallée plus profonde.

En supposant que les issues naturelles par lesquelles ces eaux pourraient s'écouler fussent très-petites, il serait cependant encore possible que les recherches que l'on entreprendrait, si elles se bornaient à un seul trou de sonde, fussent infructueuses; mais ce n'est pas une raison de perdre l'espérance de se procurer des fontaines jaillissantes. On peut en effet tomber sur un endroit où les roches calcaires sont très-homogènes, et ne contiennent pas, dans toute l'étendue du trou de sonde, des fissures qui puissent donner issue à l'eau dont ces rochers sont entourés. Plusieurs exemples de ce genre se sont présentés dans le département du Pas-de-Calais, et nous en citerons un très-remarquable. Un propriétaire a fait forer, dans un faubourg de Béthune, un trou de sonde qui, après avoir traversé 20 à 25 mètres (60 à 75 pieds) de terrains de nouvelle formation, et 10 mètres (30 pieds) de calcaire, est tombé dans une source dont les eaux se sont élevées à la surface du sol. Un autre propriétaire, dont l'habitation tient presqu'à celle du premier, voulut aussi se procurer une fontaine jaillissante; il fit en conséquence percer d'abord 25 mètres (75 pieds) de terrains composés de sable et d'argile grise, contenant une grande quantité de pyrites, ensuite 31 mètres (93 pieds) de calcaire, que l'on avait rencontré, comme l'on voit, à la même profondeur que dans le premier sondage; mais quoiqu'on eût traversé 56 mètres (168 pieds) de terrains de différentes natures, on ne put se procurer d'eau.

L'exemple que nous venons de citer prouve que si l'on n'a pas d'eau à 56 mètres (168 pieds) au-dessous de la surface du sol lorsque l'on s'en est procuré à une profondeur beaucoup moins grande, presque dans le même endroit, c'est parce que le trou de sonde a été pratiqué dans un calcaire homogène et sans fissure. Cependant, si l'on en eût continué l'approfondissement, il eût été peut-être possible de rencontrer une couche argileuse ou au moins sensiblement imperméable au-dessous de laquelle se seraient trouvées des eaux susceptibles de s'élever jusqu'à la surface du sol. Mais il faut remarquer qu'elles ne pourraient provenir que d'endroits plus éloignés que ceux d'où s'écoulent les eaux ramenées au jour par le sondage dont nous avons fait mention : et en effet, s'il en existait au-desssous de cette couche argileuse, ce ne serait que parce que les bancs de calcaire qu'elle recouvre en recevraient, par suite de la favorable position de leurs affleurements au jour, des pluies, des ravins, etc. Or, cette couche argileuse pouvant descendre de lieux élevés et se propager au-dessous d'une ou de plusieurs vallées, il est évident que les eaux situées au-dessous d'elle ne pourraient provenir que du calcaire sur lequel elle repose et non de celui qui lui est supérieur, puisqu'en raison de son imperméabilité, elle ne pourrait leur livrer passage.

En général, toutes les fois qu'on trouvera du calcaire crayeux très-homogène, il sera nécessaire d'y enfoncer la sonde, jusqu'à ce qu'il éprouve quelque variation dans sa nature : car on sait, par expérience, que c'est presque toujours à la superposition des différents terrains les uns sur les autres que se rencontrent les eaux souterraines.

Cette superposition par les vides ou les fissures qu'elle produit, doit en effet faciliter leur infiltration. C'est même à cette cause qu'on doit attribuer l'augmentation qu'éprouve le volume d'eau produit lorsque l'on arrive à la jonction des titres de calcaire et des petits bancs de silex. En supposant donc qu'on trouve, en perçant de quelques mètres le calcaire crayeux, de l'eau qui puisse se répandre à la surface du sol, on est presque certain que le volume en deviendra plus considérable si en continuant l'approfondissement du trou de sonde, on rencontre de petits lits de cailloux.

Toutes les fois qu'un pays ne présentera pas les caractères géologiques dont nous venons de parler, on devra s'abstenir d'y rechercher des eaux souterraines, puisque les terrains dont il serait composé ne présenteraient pas *des couches perméables à l'eau contenue entre des couches sensiblement imperméables.*

§ 5. *De la sonde du fontainier.*

Lorsque l'on examine des jets d'eau qui s'élancent quelquefois de la profondeur de 100 mètres (300 pieds) et qui traversent, pour se répandre au jour, des tuyaux enfoncés jusqu'à cette profondeur; lorsque l'on réfléchit sur les difficultés que l'on doit souvent éprouver pour traverser avec la sonde des terrains d'une aussi grande épaisseur, on est convaincu qu'on ne peut les vaincre qu'en apportant une extrême précision dans l'exécution des travaux qu'exigent et la recherche de ces eaux et l'enfoncement des coffres à l'aide desquels on isole les masses de sables mouvants qu'on rencontre à chaque instant dans le percement des fontaines jaillissantes et le tubage en tôle, en cuivre étamé ou galvanisé, ou même en bois, du trou établi par la sonde.

Pour faciliter l'introduction de ces coffres et de ces tubes divers, dans les différentes couches superposées à celles du calcaire, qui seules renferment les eaux dont sont alimentées ces fontaines, on sent qu'il faut que les trous de sonde soient faits avec une grande régularité et que leur axe soit surtout parfaitement vertical. Il est donc d'abord nécessaire, avant de faire connaître les moyens qu'il faut employer pour arriver à ce but, de décrire avec détail toutes les parties de la sonde ainsi que les différents instruments que l'on doit y adapter pour traverser les terrains dont nous nous sommes occupés précédemment.

Description de la sonde du fontainier.

La sonde qu'emploie le fontainier est, comme celle du mineur, composée de trois parties principales : *la tête, la tige* et *les outils*. Plusieurs autres pièces que l'on comprend sous la dénomination de pièces accessoires, servent en outre à la manœuvrer.

La tête est formée d'une barre de fer longue de 1 mètre 95 centim. (6 pieds) et de 34 millimètres (1 pouce 3 lignes) d'équarrissage. L'une de ses extrémités se termine par un anneau *a* (*fig.* 8, *Pl.* IV), et l'autre par un enfourchement dont les figures 8 et 9 font connaître et la forme et les dimensions aux points *b*.

La tige est composée d'un nombre indéterminé de barres, qui, de même que la tête, ont 34 millimètres (1 pouce 3 lig.) d'équarrissage et 2 mètres 27 centim. à 2 mètres 60 centim. (6 pieds 11 pouces à 8 pieds) de longueur en y comprenant les enfourchements mâles et femelles qui sont aux deux extrémités. L'une de ces barres est représentée, en plan et en profil, par les figures 10 et 11, *Pl.* IV.

Comme les parties supérieure et inférieure de toutes ces barres sont terminées de la même manière, il s'ensuit qu'elles peuvent indistinctement s'adapter les unes aux autres sans qu'on ait besoin de leur assigner un rang déterminé. Pour les assembler d'une manière invariable, on se sert de vis et d'écrous, et l'on a soin de placer ces derniers de chaque côté des barres assemblées, afin que, pour abréger les opérations, deux ouvriers puissent en même temps les enlever conjointement avec les vis, ce qu'ils ne pourraient pas faire, ou que d'une manière incommode, si ces écrous étaient du même côté. Les figures 12 et 13, *Pl.* IV, présentent, sous deux faces différentes, deux barres assemblées, et indiquent les positions respectives des écrous et des vis qui consolident leur assemblage.

Lorsque la tête et les barres qui composent la tige de la sonde sont assemblées, on emploie, pour les suspendre au câble d'une chèvre ou d'un engin, un étrier *a b c*, dont on voit le plan, l'élévation et le profil dans les figures 14, 15 et 16, *Pl.* IV. La plate-forme *a o o c*, dont il est formé, présente une ouverture circulaire dans laquelle passe un autre étrier *m n p*. La partie de cet étrier qui traverse la plate-forme *a o o c* est cylindrique jusqu'à la naissance de deux branches *m* et *p*, afin qu'il puisse facilement tourner sur son axe sans imprimer un mouvement de torsion au câble *g*. Les branches *m* et *p* sont percées en *r* et en *s* pour recevoir une clavette *r s*, représentée en plan et en élévation par les figures 17 et 18, à l'aide de laquelle on suspend la tête ou la tige de la sonde aux étriers dont nous venons de parler.

Lorsque cette sonde est suspendue au câble *g* et qu'on veut lui imprimer un mouvement de rotation, on se sert d'une manivelle en bois *a b   fig.* 19 et 20, *Pl.* IV), au milieu de laquelle existe un vide *o k l f* pour donner entrée à la tige de sonde que l'on place ensuite dans l'ouverture rectangulaire *m n o*, pratiquée dans l'une des deux frettes de fer *p* et *q*. Cette tige est maintenue d'une manière invariable avec le coin de bois *f g* que représente la figure 20, *Pl.* IV. Les frettes de fer placées en *m* et *n* doivent être très-fortes, afin que la manivelle ne puisse se fendre suivant les lignes ponctuées *c d* et *c g*, par les coups de maillet que l'on frappe sur le coin *f g*, et que l'on renouvelle à chaque instant, puisque cette manivelle doit changer de place lorsque l'on allonge la tige de sonde ou que l'on en désassemble les différentes parties. Quel que soit, au reste, le soin qu'on apporte à confectionner cette manivelle, il est presque impossible d'empêcher qu'elle ne se fende dans les endroits que nous avons indiqués. Il serait donc bien préférable qu'on la fît en fer, parce qu'on en augmenterait considérablement la solidité en même temps qu'on en diminuerait les dimensions. Quant à la longueur des deux bras *a i* et *b y*, elle resterait toujours la même, puisqu'elle est déterminée d'après la résistance qu'opposent à la manœuvre de la sonde les différents terrains qu'elle traverse.

Lorsqu'il s'agit de sondages faciles, on peut se dispenser de construire une charpente qui sert à élever les ouvriers au-dessus du sol et les câbles au-dessus des ouvriers. Mais dans les grandes opérations de sondage, cette charpente est indispensable ; elle est à peu près semblable à celles qu'on élève ordinairement autour des colonnes monumentales , sauf qu'elle est beaucoup moins coûteuse , parce que , destinée à ne s'élever qu'à 8 ou 10 mètres (24 ou 50 pieds) au-dessus du sol , on est dispensé de la compliquer autant et d'employer du bois de choix. Les sondeurs occupés portent même avec eux une charpente qui s'adapte à toutes les localités , laquelle se compose de quatre montants, huit traverses, deux chèvres à poulies et une pièce qu'on appelle porte-mouton, qui sert à en diriger l'action le plus verticalement possible ; il faut aussi un ou plusieurs traits, ou tours-dormants, deux ou plusieurs câbles pouvant enlever jusqu'à 1,200 kilog. (2,400 livres). On se sert aussi de vis de pression ou de vis d'extraction, qui exigent une charpente particulière semblable à celle d'un pressoir à vin portatif, tel qu'on en voit dans les pays vignicoles. La combinaison de ces vis avec la force des traits facilite singulièrement le travail et centuple la force humaine. On se sert enfin de manèges mis en mouvement par des chevaux, mais cela dépend des ressources et de l'intelligence du fontainier-sondeur.

§ 6. *Outils du fontainier adaptés à la sonde.*

Les instruments ou les outils qui doivent être adaptés à l'extrémité de la tige de la sonde du fontainier sont très-variés : mais quelle que soit leur diversité, ils peuvent néanmoins être compris dans cinq classes, que l'on distingue les unes des autres d'après les différentes couches de terrains que l'on rencontre le plus généralement dans le percement des fontaines jaillissantes.

La première classe comprend ceux dont on se sert pour traverser des couches de terres végétales et quelques terres argileuses peu collantes.

La seconde classe, ceux qui servent à traverser des couches très-argileuses et très-compactes, ainsi que les masses de calcaire crayeux qui contiennent les eaux qu'on cherche à se procurer.

La troisième, ceux avec lesquels on peut traverser et retirer les cailloux roulés que l'on rencontre souvent par couches assez régulières dans les terrains qui recouvrent les roches crayeuses.

La quatrième comprend ceux qui attaquent les masses de grès et autres roches récalcitrantes qu'on rencontre accidentellement, et qu'il faut traverser lorsque leur étendue ne permet pas de les briser.

Enfin, la cinquième classe comprend ceux qui sont employés pour traverser les couches de sables mouvants, dont les molécules n'ont aucune espèce d'adhérence entre elles, ou au moins qui n'en ont qu'une si faible, qu'il serait impossible de les ramener au jour avec les instruments compris dans la première classe.

Ces instruments varient de nom et de forme. C'est à l'ouvrier de les modifier, de les approprier aux localités. Tout le monde connaît les tarières qui s'adaptent à la tige de la sonde; les plus petites ont un diamètre de 10 centim. (4 pouces), les plus grandes de 40 centim. (1 pied 3 pouces). Ces dernières sont entourées de 3 cercles de fer afin que les substances terreuses qui s'y introduisent ne puissent les élargir. Elles sont toujours employées dans les terres végétales et dans les argiles terreuses ; mais dans les argiles collantes, les tarières ou les cuillers doivent être remplacées par des outils plus forts et d'une autre forme. Ce sont tantôt des langues de carpes ou demi-langues, tantôt des outils recourbés en demi-cercle très-allongé ; on en a de différentes largeurs, on commence par les plus étroits et l'on parvient assez aisément à pénétrer l'argile, à la refouler ou à l'extraire.

Lorsque des sables se trouvent au-dessous des couches argileuses, il faut employer les coffres, dont plus tard nous donnerons la forme et la dimension.

Si l'on tombe sur des bancs de cailloux, il est nécessaire, pour les traverser, d'employer le *hardi* ou perçoir, qui agit avec une grande énergie, déplace, brise ou enfonce les cailloux sur le côté du trou ; si, lorsqu'on le retire, on reconnaît qu'il en est tombé au fond du trou qu'il a fait, on les extrait à l'aide d'un double tire-bourre semblable à ceux que les armuriers adaptent aux baguettes des fusils soignés, sauf la taille et la force.

Pour forer les roches, on emploie les ciseaux aigus, obtus, simples, croisés, selon la nature de l'obstacle ; ces ciseaux se mettent en mouvement à l'aide d'une manivelle qui les fait légèrement tourner après chaque coup de sonde.

Quelquefois on rencontre des argiles d'une grande dureté, on se sert, pour y pénétrer et préparer le passage de la sonde, d'un autre instrument nommé le trépan; il sert aussi à percer les couches de calcaire crayeux. Ils ont tantôt la forme du burin des carriers-mineurs, tantôt celle d'un burin demi-rond et légèrement acéré.

Quel que soit l'outil dont on se sert, il faut avoir soin de jeter de l'eau au fond du trou, parce que sans cette précaution il s'échaufferait, se détremperait et serait promptement hors de service. Cette eau contribue à délayer des matières que le trépan ne peut ramener; on se sert alors d'une cuiller assez semblable aux tarières, mais qui n'est ouverte qu'à une certaine hauteur, 10, 15, 20, 30 centimètres (4 pouc., 5 p. 7 lig., 7 p. 5 lig., 11 p. 1 lig.); les matières pénètrent par cette ouverture, et on les retire avec la sonde.

Lorsqu'enfin il se trouve des matières mélangées, telles que terre et sable, on emploie, pour les extraire, un entonnoir en tôle qui pénètre à l'aide d'une vis en forme de tire-bouchon, et qui s'emplit lorsque ses bords sont arrivés au-dessous de la superficie de ces matières.

Il est encore une multitude d'outils plus ou moins ingénieux dont chaque sondeur se croit l'inventeur et qu'il cache avec soin à tous les yeux, mais ils rentrent tous dans l'idée principale de ceux dont nous venons de parler; ils sont tous connus des sondeurs, ce qui nous détermine à ne point insister davantage sur ce point. On en trouve au surplus le dessin dans la planche jointe aux brevets d'invention : presque tous sont aujourd'hui tombés dans le domaine public, ce qui permet de les imiter ou de les approprier à tous les systèmes de forage.

§ 7. *Manière d'allonger la sonde et de la diminuer.*

Lorsque la sonde est suspendue dans l'intérieur des coffres, et qu'on veut l'allonger pour parvenir à une plus grande profondeur, on la soulève à l'aide du câble auquel elle est attachée, on ôte le coin f, g (*fig.* 20, *Pl.* IV), et l'on pose la manivelle a, b sur le coffre. On redescend ensuite peu à peu la tige de la sonde, jusqu'à ce que la partie supérieure de la première barre soit près de cette manivelle. On fait alors entrer cette tige dans l'ouverture m, n, o de la frette de fer p, *fig.* 19, dans laquelle on la fixe à l'aide du coin f, g, que l'on frappe fortement. Il est alors impossible qu'elle glisse dans cette ouverture m, n, o, d'abord parce qu'elle y est retenue par le coin f, g, et qu'en outre la partie supérieure de la première barre, qui, par suite de l'enfourchement, a de plus grandes dimensions que le corps de la sonde, est en contact avec le coin de la manivelle. Cette tige étant ainsi maintenue dans une position fixe, on retire les boulons et les écrous placés à l'extrémité inférieure de la tête de la sonde, que l'on enlève provisoirement, et l'on ajoute une barre au-dessus de celle retenue dans la manivelle, ce que l'on exécute facilement en la suspendant au câble de l'engin à l'aide de l'étrier m, n, p (*fig.* 15, 15 *bis* et 15 *ter*, *Pl.* IV), et de la clavette r, s, et en la dirigeant ensuite à la main jusqu'à ce qu'elle s'emboîte parfaitement avec la partie supérieure de celle retenue au-dessus de la manivelle. Lorsqu'on les a réunies avec des boulons et des écrous, on enlève de nouveau le coin f, g; on laisse redescendre la tige, et l'on replace cette manivelle un peu au-dessous de la partie supérieure du barreau nouvellement ajouté, afin de retenir cette sonde et de remettre la tête que l'on avait enlevée. On ajoute ainsi successivement autant de barreaux qu'il en faut pour atteindre à une profondeur donnée.

Si, au lieu d'augmenter la longueur de la tige, on veut la diminuer, on se conduit à peu près de la même manière : on fixe la manivelle immédiatement au-dessous de l'enfourchement de la première barre, comme nous l'avons dit ci-dessus, et on enlève la tête de la sonde.

On adapte ensuite l'étrier *m*, *n*, *p*, *fig.* 15, *Pl.* IV, à l'enfourchement de la première barre en passant la clavette *r*, *s* dans les deux branches de cet étrier, ainsi que dans l'une des ouvertures où l'on fait passer des boulons, à l'aide desquels les barres s'assemblent entre elles. On ôte le coin de la manivelle, et après avoir enlevé le câble, on la replace d'une manière fixe immédiatement au-dessous de la partie supérieure du troisième barreau. On désassemble enfin les deux premiers barreaux, en ôtant les boulons et les écrous qui les fixent au troisième, et on les dresse contre les parois de l'excavation pratiquée au-dessous du sol. En répétant l'opération que nous venons de détailler, on parvient à retirer du trou foré et à les désassembler, tous les barreaux qui composent la longueur totale de la tige de sonde.

§ 8. *Parties accessoires de la sonde.*

Nous entendons sous cette dénomination, tout ce qui sert à faciliter la rupture de pierres et corps durs, et l'extraction de tout ce qui se trouve dans le trou de sonde : les étriers, la manivelle, le tourne-à-gauche, la barre de rotation, la clef d'arrêt, la curette, et les différents instruments propres à retirer les tiges de la sonde, qui peuvent se casser, soit sous la pression de vis, soit sous la percussion du mouton.

Le moins connu de ces outils est l'arrache sonde, qui tantôt saisit la tige au moyen d'un crochet, tantôt l'enlève en se frottant avec force contre elle, soit qu'elle se forme d'un crochet qui descend jusqu'au-dessous de la tige cassée, soit qu'elle ait la forme d'un T renversé auquel on imprime un mouvement de rotation.

Le plus en usage dans les grands travaux est le grand arrache-sonde armé d'un crochet et d'une pointe formant un T avec un côté carré et l'autre pointu.

L'arrache-sonde en spirale est un véritable tire-bourre conique dont l'intérieur est revêtu de deux surfaces courbes qui se réunissent en suivant une arête très-tranchante, à l'aide de laquelle il saisit les tiges cassées.

L'arrache-sonde à écrou est creux; lorsque la tige y pénètre, elle se taraude comme dans une filière, et l'on vient à bout de la tirer à l'aide du câble ou de la sonde.

Les sondeurs habiles ont inventé un grand nombre d'autres instruments, dont beaucoup sont réformés, après des essais qui en démontrent l'insuffisance.

§ 9. *Engins employés à la manœuvre.*

La sonde, tant qu'elle n'est pas engagée profondément, se manœuvre avec assez de facilité : trois à quatre hommes adroits suffisent pour la faire marcher; mais quand elle est descendue à 50, 60, 100 mètres (150, 180, 300 pieds) et plus de profondeur, il faut recourir à des engins d'une puissance proportionnée aux difficultés à vaincre : alors on emploie le treuil, le mouton, fixé perpendiculairement à une grande pièce de bois à laquelle il est lié par des ferrures, afin que ses coups soient toujours directs et ne fassent jamais dévier la tige. Cette opération se fait d'abord à l'aide d'une charpente en forme de chèvre, mais on emploie ensuite le treuil à leviers, qui frappe encore avec plus de régularité. Quant au moyen de retirer la sonde, soit pour vider les cuillers, soit pour changer les tiges, il en est deux également bons : l'un consiste à dresser au-dessus du trou un treuil; l'autre à le mettre à côté, mais correspondant à une poulie placée à l'extrémité supérieure de la chèvre ou de la charpente placée au-dessus du trou de sonde.

§ 10. *Des coffres.*

Pour que les coffres puissent résister à la pression qui les attend, et surtout aux coups de mouton, il faut choisir des planches d'orme tortillard ; il est indispensable de pratiquer des rainures dans lesquelles elles s'enclavent, et de les assembler avec des boulons. Leur dimension dépend de celle du sondage, mais il faut les calculer de manière que plusieurs coffres puissent entrer les uns dans les autres.

On fait ces coffres de 3 à 4 mètres (9 à 12 pieds), plus ou moins, selon les difficultés du terrain où l'on doit les faire entrer à coups de mouton ; mais comme ces coups pourraient faire éclater les planches, on met entre elles et le mouton un châssis de quatre pièces de bois placées à angle droit les unes des autres, et souvent même un second châssis sur le premier ; alors le mouton agit sans causer le moindre dommage au coffre. La sonde doit agir en même temps que les coffres, et retirer tout le sable qu'ils mettent en mouvement. Sans cette manœuvre, il arriverait souvent que les planches des coffres fléchiraient sous les coups du mouton et cesseraient de pénétrer , tandis que le coffre enfonce toujours en proportion du sable qu'il déplace et qu'on enlève à mesure. Il est facile de se rendre compte de cet effet, même en opérant sur une petite quantité de sable; on verra que plus on le foulera, plus il acquerra de dureté, plus difficilement, en conséquence, entrera le corps frappé à grands coups de mouton.

On se sert aussi de vis de pression qui n'ont pas moins d'énergie que le mouton, car on peut les établir de manière qu'elles opèrent une pression de 40 à 50 mille kilogrammes (80 à 100 mille livres). Lorsqu'on voit que le mouton ou la vis de pression ne font plus d'effet sur le coffre, il faut en introduire de nouveaux dans le premier ; c'est à l'aide de cette succession de coffres qu'on parviendra enfin à traverser toutes les couches de sable et à les isoler entièrement du vide intérieur que l'on aura formé.

§ 11. *Des buses.*

Les buses sont des tuyaux de bois de 3 mètres 24 centi-mètres (10 pieds) de longueur, de 18 centimètres (6 pouces 8 lignes) de diamètre extérieur et 5 centimètres (1 pouce 10 lignes) d'épaisseur, qui se percent soit à l'aide des machines à eau, soit avec des cuillers mues par un ou plusieurs hommes, selon la force de l'instrument. On doit les percer d'abord par la moitié de leur longueur, puis se retourner pour les traver-ser sur l'autre moitié. Ces tuyaux doivent être faits de ma-nière à entrer les uns dans les autres et garnis de frites solides : ces buses s'introduisent à petits coups de mouton ; lorsqu'elles rencontrent des pierres ou des cailloux, il faut les remonter et enlever l'obstacle, sans cela on s'exposerait à les fendre. Si l'on est assuré qu'il en est une ou plusieurs de fendues dans le trou de sonde, il faut les retirer : cela présente assez de difficultés, cependant on y parvient à l'aide de plusieurs ins-truments, le meilleur est une tige de fer ayant à son ex-trémité inférieure un crochet à charnière qui reste collé à la tige tant qu'elle est dans la buse, mais qui se détend quand elle ar-rive au-dessous et saisit le bord de la buse qu'il supporte et qu'il ramène au jour à l'aide du cordage et du treuil qui ser-vent à l'extraction de toutes les matières.

Il est un autre moyen qui réussit assez bien quand les buses ne sont pas trop enfoncées ; il consiste à armer la sonde d'un taraud à pas de vis très-forts ; on l'insinue dans la buse, il y fait le pas, et quand il a pénétré de toute sa longueur, on peut à l'aide de l'engin et du câble retirer la buse. S'il y en avait plusieurs emmanchées l'une au-dessus de l'autre, ce moyen ne serait pas bon, car elles se sépareraient aux points de jonction, et l'on n'aurait que celles du dessus, ce qui forcerait de recommencer l'opération autant de fois qu'il y aurait de bouts de tuyau.

§ 12. *De la dépense d'un forage de fontaine jaillissante.*

Personne ne doute que la dépense occasionée par la création d'une fontaine jaillissante ne soit proportionnée aux difficultés du terrain sur lequel il s'agit d'opérer ; on conçoit qu'il est d'autant plus difficile d'en établir avec une certaine précision le montant, qu'on a souvent remarqué qu'une très-légère différence entre l'épaisseur et la cohésion des couches de sables qu'on rencontre, en apporte une très-grande dans le temps qu'on doit mettre à les traverser. Il s'ensuit donc, si ces couches deviennent considérables, que les dépenses dans lesquelles elles entraînent croissent en proportion des difficultés que leur percement présente, et l'on conçoit que ces dépenses sont souvent telles qu'elles ne permettent pas de continuer les travaux que l'on a entrepris.

Ainsi, par exemple, la fontaine que l'on a creusée dans la ville d'Ardres et que l'on a approfondie jusqu'à 47 mètres 102 (145 pieds), a coûté pour le forage et l'enfoncement des coffres 1,600 francs, tandis que les travaux exécutés à Calais, et qui jusqu'à présent n'ont encore fait connaître le terrain que sur une épaisseur de 27 mètres 612 (85 pieds), ont déjà coûté plus de 5,000 francs.

Si donc le terrain dans lequel on voudrait établir une fontaine jaillissante était formé de couches de sables, sans aucune espèce de cohésion, de 51 mètres 974 à 65 mètres 293 (160 pieds à 200 pieds) d'épaisseur, les dépenses deviendraient alors considérables, puisqu'il faudrait employer probablement cinq coffres pour les traverser. Nous croyons que le devis qu'on pourrait faire pour apprécier les dépenses qu'exigerait l'établissement d'une semblable fontaine s'élèverait au-delà de 10,000 francs.

Quant aux dépenses qu'occasioneraient les terrains qui seraient composés principalement de terre végétale, d'argile et de quelques faibles couches de sable et de cailloux, elles offriraient moins d'incertitude pour les évaluer, parce que les travaux qu'exigerait le percement de ces terrains seraient plus constamment réguliers.

Ainsi, lorsqu'on doit s'enfoncer de 38 mètres 981 à 42 mètres 229 (120 à 130 pieds) et qu'on n'a besoin que d'un seul coffre de 12 mètres 993 (40 pieds) de longueur, l'établissement de la fontaine ne doit pas coûter plus de 500 francs.

Si l'on trouve les eaux vives à 25 mètres 987 (80 pieds) dans des terrains de la nature de ceux dont nous parlons ici, quatre ouvriers peuvent, en cinq ou six jours, exécuter le travail qu'exige l'établissement d'une fontaine dans un pareil terrain.

Dans le cas enfin où on ne serait point obligé d'employer des coffres, la dépense qu'entraînerait cette fontaine ne s'élèverait tout au plus qu'à 200 francs.

En général, lorsque les terrains dans lesquels on doit rechercher des eaux ne sont principalement composés que de couches argileuses plus ou moins compactes et de calcaire crayeux, les ouvriers sondeurs prennent les travaux à prix fait. Ils demandent ordinairement 9 francs par mètre (3 pieds) jusqu'à 22 mètres 739 millimètres à 25 mètres 987 millimètres (70 à 80 pieds).

Si la profondeur à laquelle on doit parvenir pour découvrir des eaux vives devient plus considérable, sans cependant que les terrains changent de nature, le prix du mètre courant augmente dans une proportion telle qu'à 30 ou 40 mètres (92 ou 123 pieds) de profondeur, il coûte souvent 18 francs.

§ 13. *Variation du volume d'eau.*

Les fontaines établies d'après les principes et les procédés que nous venons de développer, peuvent donner, pendant quelque temps un volume d'eau à peu près constant, ou du moins qui ne varie qu'en raison des changements qu'éprouve l'atmosphère et d'où naissent les sécheresses ou les pluies. Quelquefois cependant on remarque, après un certain nombre d'années, qu'une diminution indépendante de ces variations atmosphériques, s'opère dans le volume d'eau que produisent ces fontaines. Pour remédier à cet inconvénient, il faut, à l'aide d'un piston à soupape que l'on attache à une perche ou bien à la tige d'une sonde, donner une trentaine de coups dans les buses de ces fontaines. Comme la diminution dont le volume d'eau qu'elles produisent ne provient que du rétrécissement des fissures d'où cette eau s'échappe, il s'ensuit que ces coups de piston doivent leur rendre leur largeur primitive en forçant les parties calcaires qui y sont intercalées, de remonter au jour.

Nous avons exécuté ces opérations sur une fontaine creusée depuis l'année 1810, et nous avons trouvé, après avoir donné vingt impulsions au piston, que le volume d'eau produit était, au niveau de la buse, de 21 mètres (612 pieds) cubes par heure, tandis qu'il n'était, avant cette opération, que de 15 mètres (437 pieds) cubes. Quelques jours après, nous avons recommencé à faire agir le piston, mais le volume d'eau n'a plus éprouvé de variation. Il faut donc avoir soin, pour remédier aux accidents auxquels ces fontaines peuvent être sujettes, et pour qu'elles puissent fournir toujours un volume d'eau à peu près constant, de donner de temps à autre quelques coups de piston dans l'intérieur des buses dont elles sont formées.

CHAPITRE III.

HYDROMÉTRIE DÉCIMALE, POIDS DE L'EAU, SA VITESSE,
SA PRESSION, SA DIVISION EN COLONNES MÉTRIQUES.

§ 1er. *Hydrométrie décimale.* (Voy. les *fig.* 1 à 7, *Pl.* IV.)

Les fontainiers, comme presque tous les ouvriers, quand ils ont un certain âge, éprouvent une grande répugnance à convertir leurs anciennes mesures d'eau en mesures décimales; malgré les prescriptions de la loi, nous serons encore longtemps obligés d'entendre dire un pouce, une ligne d'eau, un corps de pompe de 32 pieds, et cela, parce que tous les ouvrages imprimés se servent de ces locutions.

§ 2. *Mesure de l'eau.*

D'après la table de Mariotte, les ajoutoirs de différentes grandeurs absorbent les quantités qu'il évalue en pintes, ce qui est encore pis, car la pinte n'est pas une mesure uni-forme. Son livre n'était vrai que dans le pays où il l'avait écrit. Les ouvriers y ont substitué le litre, et ils disent ainsi, qu'un ajoutoir de deux lignes donne 5 litres d'eau par mi-nute; cela n'est pas vrai non plus, et les calculs faits sur cette base sont tous erronés.

Pour mesurer exactement la quantité d'eau que donne l'o-rifice d'un bassin, il faut nécessairement recourir à l'étalon jaugeur que confectionnent avec soin les opticiens ou les mé-caniciens (*Pl.* IV, *fig.* 5, 6, 7). L'orifice de cet instrument peut être multiplié ou divisé, et il donne toujours des résul-tats à peu près certains; je dis à peu près, car le poids de l'air et celui même de l'eau peuvent modifier l'absorption de l'ori-fice. Supposons qu'il ait un centimètre (5 lignes), qu'il soit fait dans un bassin de 50 mètres (474 pieds) carrés, la quantité

Mécanicien-Fontainier. 5*

d'eau coulant par l'orifice sera beaucoup plus grande que si le bassin n'avait qu'un mètre carré (9 pieds 68 pouces carrés); mais cela présente peu d'intérêt, parce que lorsqu'un fontainier est chargé de fournir un certain nombre d'hectolitres ou de litres sortant de tel bassin, il sait ou calcule nécessairement le degré de vitesse de l'éjection de l'orifice, et se détermine par cette connaissance. Il n'est pas nécessaire de s'étendre sur des théories plus ou moins savantes, mais aussi plus ou moins obscures ; on peut très-bien se contenter de prendre pour unité le millimètre, le litre et la minute ; et, quand, par des calculs bien simples et une expérience qui ne l'est pas moins, on aura trouvé ce qu'un orifice d'un millimètre donne de litres en une minute, on saura bientôt ce qu'il donne par heure, par jour ou par année, si toutefois on a besoin de le savoir.

Les prises d'eau se font généralement en raison des besoins de celui qui les effectue ; elles ne sont pas continues, à moins qu'il ne s'agisse de moteurs industriels, mais alors les traités se font à forfait ; généralement on mesure l'eau en se réservant de la prendre dans le courant d'une journée à l'heure convenable : c'est ce besoin apprécié qui détermine la mesure de l'orifice.

S'il s'agissait d'établir un jet d'eau perpétuel, ce serait différent ; il faudrait mesurer rigoureu-ement. On a adopté, en hydrométrie, pour les calculs qui exigent une grande précision, l'unité sous le nom de module. Le dixième du module donne mille litres d'eau en 24 heures ; le double module est le plus grand orifice que l'on doive percer dans les établissements publics : il donne 20 mille litres dans le même espace de 24 heures. Voyez, *Pl.* IV, les modules et fractions de modules correspondant à l'étalon dont nous avons parlé plus haut.

Le fontainier peut avoir chez lui un étalon inverse de celui dont on se sert pour vérifier les orifices et se rendre compte immédiatement de la quantité d'eau que fournirait un orifice demandé. Il lui suffit pour cela d'adapter à un fût quelconque des orifices en métal portant pour dixièmes les fractions du module de l'étalon et s'élevant ensuite au double du module et même plus haut, car on peut avoir des orifices de 4, de 6, de 8 modules, aussi bien que d'un ou du double. (*Voyez* ci-après, § 5.)

§ 3. *Poids de l'eau.*

Lorsqu'il s'agit d'apprécier le poids d'une certaine quantité d'eau pour en connaître la pureté et savoir combien elle contient de matières étrangères, il est assez difficile d'arriver à un résultat satisfaisant avec le litre ordinaire, je dirai même que cela est impossible ; car, bien que le litre d'eau distillée représente mille grammes d'eau, que le décalitre représente dix mille grammes, et ainsi de suite des mesures plus grandes ou de leurs fractions décimales, on comprend que peser un litre d'eau et mesurer même avec un contenant d'un poids certain, un litre d'eau ne donnera qu'un poids approximatif, car quelque soin qu'on prenne de bien remplir un contenant, il suffira de quelques gouttes de moins pour que l'opération soit fausse. D'un autre côté, faire la tare du contenant, et le peser ensuite après l'avoir rempli, ne donnera non plus rien de positif sur la pesanteur de l'eau, quand il n'y aura entre cette eau et l'eau distillée qu'une légère différence. Ces difficultés sérieuses ont donné lieu à la recherche d'un instrument plus parfait : on l'a trouvé ; il se nomme hydromètre, et il donne, d'une manière simple et facile, la pesanteur spécifique des fluides. Voici sur quel principe est fondé cet instrument ingénieux.

Un corps, quand il se maintient flottant dans l'eau, déplace une quantité de ce fluide égale à son propre poids. Si le même corps est rendu flottant dans différents fluides, la quantité de ces fluides qu'il déplace dépendra de leur pesanteur spécifique ; il doit donc déplacer plus du fluide le plus léger que du fluide le plus pesant, et par conséquent il pénètre plus profondément dans le premier que dans le second.

Il suit de là qu'à chaque fluide de pesanteur différente correspond une profondeur différente de l'immersion du même corps. Or, les pesanteurs spécifiques correspondantes aux divers degrés d'immersion peuvent être aisément calculées à l'aide d'une échelle appliquée au corps flottant. C'est le principe et la fin de l'hydromètre. Il contient une division décimale indiquant le nombre de degrés que pèse chaque liquide : on peut donc, en plaçant l'hydromètre dans un bassin plein d'eau et en observant à quel point il se maintient dans l'immersion, c'est-à-dire au niveau de la surface de l'eau, déterminer exactement la pesanteur spécifique de l'eau, et il est démontré que plus elle est pure, moins elle pèse ; que plus elle pèse, moins elle se rapproche de l'eau distillée, et plus elle contient de matières étrangères.

Cet instrument est ordinairement formé d'une sphère en cristal ou en métal, au-dessous de laquelle se trouve un récipient rempli de plomb dont l'objet est de maintenir l'instrument verticalement ; au-dessus de cette boule s'élève une tige également en métal ou en cristal sur laquelle ou dans laquelle sont marqués les degrés. Les tubes de cristal qui contiennent l'échelle imprimée sur une bande de papier, sont plus commodes mais bien moins solides ; ils suffisent à l'amateur qui s'occupe d'expériences, mais les tiges de métal conviennent mieux aux artisans et surtout aux fontainiers.

Tout le monde connaît la structure du thermomètre de bain ; l'hydromètre lui ressemble.

Il y en a de plusieurs espèces ; celui de Sike est en usage en Angleterre.

L'*aréomètre* de Parcieux n'est autre chose qu'un hydromètre rendu d'une excessive sensibilité. (*Voyez*, au surplus, le *Manuel d'Hydrostatique*, nos 306 et 307, qui fait partie de l'*Encyclopédie-Roret*.)

§ 4. *Vitesse de l'écoulement de l'eau.*

C'est un principe généralement admis qu'il s'écoule deux fois autant d'eau par un même orifice quand le bassin d'où elle sort est constamment rempli, que lorsqu'il se vide sans être rempli au fur et à mesure de l'écoulement. Ainsi, le fontainier qui veut qu'un bassin lui fournisse constamment un module d'eau, doit, pour qu'il soit toujours plein, l'alimenter par un orifice de deux modules ; il suit de là que le poids de la pression du liquide double la vitesse de son écoulement.

Si au poids spécifique du liquide on ajoute un poids étranger, on augmentera la vitesse en raison de la pesanteur de ce nouvel agent ; il s'ensuit que si un bassin parfaitement cylindrique est plein, il donne deux fois autant d'eau par son orifice que s'il était en vidange, et qu'on en portera l'élévation au double ou triple en foulant le liquide par un couvercle chargé de poids assez lourds pour atteindre le poids de la totalité du liquide contenu dans ce bassin ; mais alors le jet d'eau ne s'élèvera que pendant un certain temps, et il tombera à mesure que l'eau diminuera.

En général, la charge d'eau contribue beaucoup à la vitesse ; en général aussi, la charge peut être divisée en deux parties, l'une produisant la vitesse, l'autre employée à vaincre le frottement.

Pour déterminer la quantité d'eau qu'un tuyau pourra fournir, quand la hauteur du réservoir au-dessus du point d'écoulement , la longueur du tube et son diamètre sont connus , multipliez l'aire du tube en mètres ou décimètres par la vitesse en mètres ou décimètres, et le résultat sera l'écoulement en mètres ou décimètres cubes par seconde.

S'il s'agit de trouver le diamètre d'un tube destiné à fournir une quantité d'eau par minute, la hauteur de la surface dans le réservoir au-dessus du lieu d'écoulement et la longueur du tube étant connues, il faut recourir aux logarithmes , ce qui est une opération en dehors de celles des fontainiers.

Terminons par une observation importante : c'est que lorsqu'un tube est courbé à angle ou en arc, on doit diminuer la vitesse en prenant le produit de son carré multiplié par la forme des sinus des divers angles ou courbes.

§ 5. *Pression hydraulique.*

Il y a trois cas principaux relatifs à la pression hydraulique sur des surfaces planes perpendiculaires :

Quand un jet détaché choque un plan ;

Quand le plan se meut dans une étendue illimitée d'eau, ou que la surface est très-petite par rapport au courant qui la choque ;

Quand l'impulsion a lieu dans une eau définie.

Supposons donc qu'un courant d'eau choque un plan de manière à perdre tout son mouvement, il est évident que la force qui détruit le mouvement doit être égale à celle qui le produit, c'est-à-dire au poids de la colonne d'eau qui opère pendant le temps nécessaire pour lui faire acquérir une vitesse donnée ; et la quantité d'eau qui arrive pendant ce temps étant égale à deux fois la colonne dont la longueur est la hauteur due à la vitesse, la pression hydraulique doit être égale à deux fois la charge d'une pareille colonne. L'impression relative contre le plan en mouvement doit être déterminée par la différence des vitesses ; mais quand toute l'eau du courant choque contre le plan, l'effet de l'impulsion peut être déterminé plus simplement que si un corps solide choquait un plan avec la vitesse relative.

La puissance de l'eau est égale à la vitesse et à la pression due à la hauteur de la colonne. Le mot *puissance*, dans le langage des mécaniciens, signifie l'action d'une force de pesanteur, d'impulsion ou de pression destinée à produire un mouvement.

C'est ce principe que le fontainier doit entendre et appliquer quand on lui demande quelle est la force d'une fontaine qu'il a découverte et quel parti on en peut tirer pour l'agriculture, l'industrie ou l'embellissement d'une propriété.

Si nous ne craignions pas de dépasser les bornes de ce petit traité, nous expliquerions comment la somme des poids élevés par l'action de l'eau et des poids nécessaires pour vaincre le frottement et la résistance d'un mécanisme, multipliés par la hauteur à laquelle le poids peut être soulevé dans un temps donné, offre un produit égal à l'effet de cette puissance ; mais nous ne devons pas nous jeter dans des principes théoriques qu'on peut trouver ailleurs. (Voyez *le Manuel de Mécanique hydraulique*, tome 2, qui fait partie de l'*Encyclopédie-Roret*.)

§ 6. *Division de l'eau en colonnes métriques.*

Maintenant que nous avons donné les règles en usage pour mesurer, peser l'eau, pour en calculer la vitesse et la pression, nous terminerons en donnant une échelle du poids des colonnes d'eau par mètre de hauteur, déterminant en même

temps le diamètre et la valeur des millimètres circulaires
en grammes ou kilogrammes. Le lecteur est prié de faire
bien attention à la progression étonnante des nombres : en
arithmétique, lorsque dix donnent 78, vingt donnent 156.
Dans notre table, quand dix donnent 78, vingt donnent 314.
En arithmétique, quand 100 donnent 7,850 et 10—78, ce
qui ferait 7,928, cent dix donnent 9,520, et ainsi de
suite.

Une colonne d'eau circulaire d'un mètre de hauteur et de
10 millimètres de diamètre pèse 78 grammes ; en continuant
de dix en dix, on obtient les résultats suivants :

Colonne de	20 millimètres pèse	314 gramm.
de	30 id.	710
de	40 id.	1,257
de	50 id.	1,963
de	60 id.	2,826
de	70 id.	4,047
de	80 id.	5,024
de	90 id.	6,379
de	100 id.	7,850
de	110 id.	9,520
de	120 id.	11,310
de	140 id.	15,400
de	160 id.	20,110
de	180 id.	25,447
de	200 id.	31,415
de	220 id.	38,020
de	240 id.	45,240
de	260 id.	53,092
de	280 id.	61,572
de	300 id.	71,017

Cette table s'arrête au chiffre 300 qui est le terme le plus élevé du diamètre des colonnes d'eau. On s'en servira bien rarement sans doute, car cette mesure rigoureuse du poids des eaux n'est pas d'une grande utilité, mais elle doit avoir un effet assez important, celui d'éveiller l'attention des fontainiers sur les erreurs qu'ils peuvent commettre, et celle des propriétaires et des industriels sur la manière de se rendre compte de la distribution des filets en colonnes d'eau.

DEUXIÈME PARTIE.

DE L'ART DU MÉCANICIEN-POMPIER.

—◦❀◦—

CHAPITRE PREMIER.

PRINCIPES GÉNÉRAUX SUR L'AIR, L'EAU, LES TUYAUX, ETC.

——

§ 1er. *Notions préliminaires.*

On doit aux alchimistes les découvertes qui n'ont pas été étrangères aux progrès rapides qu'a fait la chimie de nos jours. On doit aussi quelques solutions géométriques à ceux qui cherchaient la quadrature du cercle, et quelques perfectionnements mécaniques à ceux qui se sont ruinés pour le mouvement perpétuel.

L'aimant, l'électricité ou les effets de la pile voltaïque ont été mis à contribution, isolément, simultanément ou diversement combinés; mais aucun des corps répandus dans la nature n'a plus excité l'attention des machinistes pour la recherche du mouvement perpétuel, que celui dont nous allons examiner les propriétés.

Malheureusement, se fiant trop sur la mobilité d'un fluide tel que l'eau, ne tenant pas compte de la force attractive qui fixe les corps, quels qu'ils soient, à la surface de la terre; ne sachant pas se rendre raison des causes naturelles qui s'opposent à ce phénomène mécanique; ne revenant pas même de leur erreur, lorsqu'après beaucoup de travail, de dépenses, ils s'aperçoivent avec stupeur qu'ils sont retombés dans le cas d'équilibre, ou que, s'ils ont gagné en force, ils ont perdu en vitesse ou en temps, et réciproquement, ceux-là ne se dégoûtent ordinairement pas, et souvent même s'acharnent avec opiniâtreté à trouver la solution d'un problème qui n'en a point.

En effet, un mouvement perpétuel qui ne dépendrait pas du mouvement si bien coordonné qui fixe des orbites aux corps célestes, règle le temps de leurs révolutions ; un semblable mouvement, disons-nous, s'il eût pu se fabriquer par la main des hommes, eût pu aussi se reproduire en dehors de notre sphère par le concours seul des éléments ou de la matière ; de là, des perturbations imprévues ou encore des phénomènes semblables à ceux qui ont presque toujours servi de base ou de guide à leur solution mécanique ou physique dans nos laboratoires.

Ainsi, les efforts de l'esprit tournent toujours à l'avantage de l'humanité, les arts se prêtent un mutuel secours, et telle invention d'abord dédaignée par les esprits faibles ou repoussée par les esprits forts, finit par prendre sa place et par captiver l'attention générale.

L'art du mécanicien-pompier a beaucoup profité des découvertes de la science physique, et quoiqu'il soit parvenu à un degré de perfection remarquable, le mécanicien-pompier peut encore penser qu'il n'est pas à sa dernière découverte.

Notre objet, aujourd'hui, est de mettre à la portée de tout le monde les connaissances acquises ; heureux si nos enseignements peuvent contribuer à de nouveaux perfectionnements.

L'agent principal du pompier est l'air, son principal élément est l'eau : occupons-nous donc d'abord de l'air et de l'eau, pour lesquels il ne peut y avoir de pompe; nous ferons ensuite la description des différentes espèces de pompes, des siphons, des tubes, des soupapes et de tout ce qui constitue l'art du pompier-mécanicien.

§ 2. *De l'air.*

La plupart des ouvriers ne jugent de la pesanteur des corps que par l'effet qui se présente naturellement à leurs yeux, c'est-à-dire par leurs différences de poids, relativement à leurs volumes : encore faut-il que ces objets de comparaison soient sensibles à leur vue ; car quand on leur parle d'air atmosphérique, ils ne savent s'en former une autre idée que par le sentiment de contact qu'ils en éprouvent lorsqu'il est agité. Mais il est nécessaire qu'ils sachent qu'il est pesant, bien qu'il ne soit pas sensible à notre vue, et que nous n'en paraissions ressentir aucune surcharge quelconque.

L'air n'est plus un élément, mais un fluide composé, élastique, pondérable, incolore, inodore.

Il est composé, car on est parvenu de nos jours à le diviser en deux autres fluides comme lui transparents, mais éminemment distincts : l'un est le gaz oxigène, l'autre le gaz azote.

Il est élastique, car si dans un tube de verre recourbé on verse du mercure jusqu'à ce qu'il occupe un niveau quelconque, qu'ensuite on bouche une extrémité des deux branches, en continuant à verser du mercure dans l'autre, on verra le volume d'air contenu dans le tube dont l'extrémité est bouchée se comprimer sensiblement, et suivre la loi des fluides élastiques permanents et secs, c'est-à-dire que son élasticité augmentera en raison inverse de l'espace qu'il occupe. S'il était d'abord contenu dans un espace égal à 1, et que son élasticité dans ce cas fût représentée par 1, elle deviendra égale à 2 s'il est ensuite comprimé dans un espace égal à $^1/_2$.

Cette propriété élastique de l'air a été mise à profit par les fontainiers, dans plusieurs cas, comme nous le verrons plus tard.

On a douté très-longtemps qu'il fût pondérable, et ce n'est que depuis cent cinquante ans qu'on lui a reconnu cette propriété. De nos jours on répète facilement l'expérience qui tend à prouver que l'air est pesant : on prend un vase débouché, on le pèse; ensuite, au moyen d'une pompe à air, on vide autant que possible l'air contenu dans sa capacité intérieure, on le bouche ainsi vidé, on pèse de nouveau, et on trouve qu'il a diminué de poids.

Tout le monde connaît l'expérience dont Torricelli est l'auteur : ayant rempli de mercure un tube de verre de 81 centimètres (30 pouces) de longueur et bouché par une de ses extrémités, il le retourna ensuite de manière à plonger son extrémité débouchée dans une cuvette contenant aussi du mercure. Alors il vit la colonne de métal s'abaisser jusqu'aux environs de 76 centimètres (28 pouces), et il en conclut, avec raison, que l'air agissant par sa pesanteur sur le mercure de la cuvette, tandis que l'extrémité supérieure de la colonne correspondant au tube bouché en était entièrement garantie, il en conclut, dis-je, que cette colonne de 76 centimètres (28 pouces) était ainsi maintenue en suspens par la pesanteur de l'air extérieur, et de plus, qu'elle représentait exactement la valeur de la colonne d'air atmosphérique supérieure, de même diamètre que celui du tube de verre.

Le célèbre Pascal, sans nier cette vérité, proposa une contre-épreuve, en disant que s'il en était ainsi, le niveau supérieur du mercure devait évidemment baisser dans le tube où il était suspendu, si on le transportait au sommet d'une montagne. L'expérience eut lieu sur le Puy-de-Dôme, et elle confirma entièrement la doctrine avancée par Torricelli. Elle s'accorde si bien, qu'on est parvenu de nos jours à utiliser cette seconde expérience pour calculer la hauteur des montagnes presque aussi rigoureusement que par les moyens trigonométriques ordinaires.

L'air atmosphérique, relativement aux aspérités de notre globe, suit donc une loi semblable à celle de l'eau de la mer à l'égard des hauts fonds et des îles, c'est-à-dire qu'au lieu de s'onduler sur les pentes déclives des montagnes ou sur leurs points culminants, ces dernières entament son épaisseur. On sait aujourd'hui qu'un abaissement de mercure de 2^{mill}, 256, etc., équivaut à une élévation de 24^{m},56 prise du niveau de la mer; que le poids de l'eau distillée étant égal à 770, celui de l'air est égal à un; enfin, que nous supportons, sur toute la surface du corps, une charge d'environ 14670 kilogrammes.

Et cette dernière valeur ne paraîtra pas extraordinaire si on réfléchit que, plongés dans l'air comme dans un corps liquide, il agit sur tous les points de notre superficie, soit à l'extérieur, soit à l'intérieur; car nous en contenons aussi un certain volume qui concourt à balancer cette pression extérieure. Ceci est tellement vrai, qu'en enlevant cette pression par le moyen du vide pneumatique, nous ne tarderions pas à éclater par l'effet de l'air intérieur, qui chercherait à se dilater, d'autant plus qu'il trouverait moins d'obstacle à s'étendre.

Et si l'air n'avait ni masse ni pesanteur, en sentirions-nous l'effet lorsqu'il est agité, ou serait-il possible de concevoir de la vitesse à un corps qui serait dans cette hypothèse?

L'air est donc pondérable. Toutefois, il existe encore des

luides élastiques moins pesants que lui, mais qui le sont
toujours plus ou moins : le gaz hydrogène est dans ce cas,
aussi l'emploie-t-on pour faire enlever des enveloppes de
taffetas gommé ou de papier que l'on nomme ballons ou
aérostats, auxquels ensuite on attache des nacelles destinées à contenir des individus.

Nous avons dit que si on renverse un tube bouché et plein
de mercure dans une cuvette contenant aussi de ce même
métal, le niveau supérieur s'abaissera jusqu'à ce que le
mercure fasse équilibre à la pression de l'atmosphère : ajoutons que la longueur de la colonne ainsi suspendue, conserve une hauteur qui peut varier suivant quelques accidents
qui tiennent à l'état habituel de l'air, et qui ne sont pas
étrangers aux causes qui déterminent le beau et le mauvais
temps (1). A ces oscillations près, le niveau du mercure se

(1) Nous empruntons à tous les livres de physique les données sur
lesquelles on peut se baser pour connaître avec plus ou moins d'exactitude le beau ou le mauvais temps à venir.

En général, quand le mercure d'un baromètre monte, on peut compter sur du beau temps, et sur le contraire lorsqu'il baisse. La première
de ces causes s'explique par l'état de l'air dans le moment où l'élévation du mercure a lieu. L'atmosphère ou l'air chargé de vapeur aqueuse
est, comme on sait, beaucoup plus léger que l'air sec ; sa pesanteur est
relative à la densité des deux parties qui le constituent dans ce moment, c'est-à-dire de l'air égal à 1, et de la vapeur d'eau égale à 0.6255.
Donc, suivant les proportions du mélange, l'air plus ou moins saturé de
vapeur sera pareillement plus ou moins dense ou léger.

Or, l'air plus pesant, c'est-à-dire l'air sec, celui qui est relatif au
beau temps, pesera davantage sur le mercure de la cuvette, et le fera
remonter réciproquement dans le tube barométrique, tandis que le contraire aura lieu pour l'air humide.

Les brumes ne constituent souvent pas un changement dans la densité de l'air, ni par conséquent dans le baromètre ; elles sont le produit
de la condensation des vapeurs suspendues ; mais leur épaisseur est limitée, et leur condensation peut être aussi une conséquence de la pe-

maintient ordinairement à 76 centimètres (28 pouces), donc la colonne d'air qui lui fait équilibre est égale en pesanteur à celle d'une colonne de mercure de 76 centimètres (28 pouces) et de même diamètre.

santeur de l'air sec supérieur, leur apparence seule une preuve de leur séparation de l'air.

Le ménisque qui limite la colonne de mercure dans le sommet du tube, se termine ordinairement par une calotte convexe quand le mercure monte, et par une calotte concave quand il descend. Le défaut d'affinité des parois du tube et du métal est la cause de ce phénomène : aussi on peut déjà prédire, par la seule inspection du sommet de la colonne de mercure, si le baromètre a quelque tension à monter au beau ou à descendre au mauvais.

Quand le mercure baisse par un temps chaud, c'est un signe de pluie.

Presque toujours, en hiver, l'élévation du mercure dans le baromètre correspond à la contraction du même métal dans le thermomètre, c'est-à-dire au froid ; quand il descend par un temps de gelée, on doit compter sur l'inverse, c'est-à-dire sur le dégel.

Si, malgré le mauvais temps, le mercure se soutient constamment très-haut, on peut compter sur un beau temps durable.

Les oscillations promptes et successives du mercure soit du côté du beau temps, soit du côté du mauvais, indiquent que ni l'un ni l'autre ne sont durables.

Si, dans le beau temps, le mercure continue toujours à descendre pendant plusieurs jours, on doit craindre de grandes pluies ou de grands vents.

Mais un abaissement très-brusque du mercure indique très-certainement une tempête, un ouragan, de grandes pluies ou du tonnerre.

Si, pendant ou après la pluie, le vent change de direction, et qu'en même temps le baromètre monte, c'est un signe de beau temps.

Si, pendant le beau temps, le baromètre descend en même temps que le vent change de direction, c'est un signe de mauvais temps.

Lorsque, dans les coups de vent, le mercure se tient très-bas, il remonte ordinairement très-vite ; on ne pourra espérer de la pluie, après que le mercure se sera maintenu longtemps très-élevé que quand il descendra très-bas.

Dans les temps de pluie, un petit abaissement annonce un redouble-

§ 3. *De l'eau.*

Il serait encore assez difficile de faire concevoir aux ouvriers, que l'eau est un corps brûlé. Mais, il est cependant
nécessaire qu'ils sachent que l'eau ou l'oxide d'hydrogène
n'est plus un élément pour nous, puisqu'on parvient à la
composer et à la décomposer ensuite.

L'eau se compose en proportion déterminée d'oxigène et
d'hydrogène, deux gaz invisibles, mais pondérables ; et si on
pèse deux volumes de ces gaz en proportion voulue, qu'on
enflamme leur mélange, il en résulte un poids d'eau égal
à celui des deux gaz employés. On arrive aux mêmes résultats par la synthèse, c'est-à-dire en décomposant l'eau,
donc on peut affirmer que ce liquide n'est plus un élément,
comme les anciens le croyaient.

L'eau est un corps composé, liquide, quelquefois solide,
d'autres fois aériforme ; il est de plus incolore, insipide, inodore et réfrangible comme l'air, c'est-à-dire qu'il fait dévier
les rayons lumineux qui le traversent obliquement suivant
certaines lois connues, mais étrangères à notre objet.

L'eau, sous sa forme liquide, est maintenue dans cet état
par la seule pression de l'atmosphère, et nous devons croire

ment de pluie, et on ne doit pas beaucoup compter sur une élévation
brusque du mercure.

Les élévations du mercure qui indiquent le beau temps, doivent aussi
correspondre aux vents qui lui sont favorables ; l'espèce de ces vents
varie suivant les pays. A Toulon, le nord, nord-ouest, donnent le beau
temps ; le nord-est, sud-ouest, sud-est, la pluie ; à Brest, le nord-est
amène le beau temps, le nord-ouest la pluie.

Dans les régions intertropicales, le baromètre varie infiniment peu,
et très-rarement ; mais, lorsque cela arrive, on doit s'attendre à des
ouragans, typhons, tornades, etc. Presque toujours le baromètre les
indique.

que, sans elle, ce fluide ne se présenterait pas ainsi à nous, puisqu'à — 20° centigrades à l'état solide, ou de glace, il se vaporise déjà.

Elle est pesante, et la pesanteur d'une colonne d'eau de 10 mètres 40 centimètres (32 pieds) environ fait équilibre à une colonne de mercure de même base et de 76 centimètres (28 pouces) de hauteur, qui, elle-même, est égale à la pesanteur atmosphérique supérieure.

C'est-à-dire qu'une colonne cylindrique d'eau de 10 mètres 40 centimètres (32 pieds), une colonne de mercure également cylindrique de 76 centimètres (28 pouces), et une colonne d'air égale en hauteur à celle de l'atmosphère, sont toutes trois égales en pesanteur, si elles ont le même diamètre.

Car si on remplit d'eau un tube de verre bouché par un des bouts, de même calibre que celui dont nous avons parlé relativement au mercure, mais de plus de 10 mètres 40 centim. (32 pieds) de longueur; si ensuite on renverse ce tube, ainsi rempli, dans une cuvette d'eau, la colonne liquide s'affaissera jusqu'à ce que le niveau supérieur soit éloigné de celui de la cuvette d'une hauteur égale à peu près à 10 mètres 40 centimètres (32 pieds). Le niveau supérieur, correspondant à l'extrémité bouchée du tube, ne participe en rien à la pression de l'atmosphère, tandis que cette dernière agit sur l'eau de la cuvette, et maintient en équilibre la colonne intérieure.

Si une aussi grande longueur n'était pas incommode, un instrument pareil serait un véritable baromètre qui, semblablement à celui de mercure, marquerait les variations de la pesanteur atmosphérique. Toutefois, l'eau étant plus vaporisable dans le vide que le mercure, on devrait aussi tenir compte des différences qui en résulteraient relativement aux vapeurs qui changeraient l'état du vide dans la partie supérieure du tube.

Nous disons donc que, dans l'un et l'autre instrument, si le canal intérieur est égal et calibré au même diamètre, le poids du mercure et de l'eau compris entre les deux niveaux dans chaque tube, sera le même, c'est-à-dire que les 10 mètres 40 centim. (32 pieds) d'eau et les 76 centimètres (28 pouces) de mercure seront égaux en pesanteur. Or, c'est ce qu'une autre expérience démontre rigoureusement ; car si on compare les poids d'un volume de mercure et d'un volume égal d'eau, on trouvera que leur rapport de 14 à 1 est précisément le même que celui de 10 mètres 40 centim. (32 pieds) à 76 centimètres (28 pouces), c'est-à-dire de 1040 centimètres (384 pouces) à 76 centimètres (28 pouces).

On a douté longtemps que l'eau fût compressible ; mais des expériences récentes ont démontré cette propriété : elle l'est, mais infiniment peu.

De plus elle se dilate à mesure que sa température augmente, mais seulement depuis $+ 4°$ centigrades environ ; en dessous de ce degré de température, elle se dilate encore au lieu de se contracter : alors elle devient plus légère relativement à son plus grand volume.

C'était donc une grave erreur de supposer que le fond de la mer pût être gelé, puisque, d'après ce que nous venons de dire, l'eau, qui serait plus froide que $+ 4°$, reviendrait évidemment au-dessus du niveau affecté de ce degré de température, et cela en vertu de sa légèreté (1).

___

(1) Relativement aux températures sous-marines, *Muschenbroek* disait qu'à 234 mètres (720 pieds) de profondeur, l'eau de la mer possédait un degré de chaleur égal à celui de l'air atmosphérique. Le capitaine *Ellis* écrivait à *Hales* (vol. 47, *Transactions philosophiques*) que depuis la surface jusqu'à 1,267 mètres (3,900 pieds) de profondeur, l'eau de la mer devenait progressivement plus froide, plus salée, et par conséquent plus pesante ; que, de là à 1,736 mètres 59 centim. (5,346 pieds), elle conservait la même température. Un capitaine américain

Le maximum de densité de l'eau étant aux environs de
+ 4° centigrades, et ce liquide ne pouvant occuper un vo-

trouva encore d'autres résultats, et MM. *de Humboldt* et *Davy* éta-
blirent des doctrines qu'ils ne soutinrent plus ensuite, parce que des
expériences vinrent en détruire la base.

L'hypothèse de M. *Perron* n'est pas plus rationnelle ; elle ne s'accorde ni avec les expériences de M. *Rumford*, ni avec les lois de la
pesanteur spécifique de l'eau , dont le *maximum* de densité est aux
environs de -:- 4° centigrades ; on sait qu'il supposait que le fond de
la mer fût entièrement gelé.

L'eau la plus dense étant la plus froide, toutefois jusqu'aux environs
de -:- 4° centigrades , il s'ensuit évidemment, ce que constate d'ailleurs
l'expérience, que les couches les plus chaudes de la mer occupent toujours sa superficie ; et quand les causes accidentelles occasionnent un
changement quelconque de température dans la profondeur des eaux, il
en résulte des courants verticaux, ascendants et descendants, qui tendent incessamment à rétablir l'équilibre. Si donc on emploie des bouteilles ou des vases destinés à se déboucher à une certaine profondeur, par la seule pression de l'eau ou par tout autre moyen mécanique,
ces vases, à la profondeur à laquelle ils arriveront, se rempliront bien
de l'eau adjacente ; mais ensuite, en remontant, et en vertu de la différence de densité des couches environnantes, conséquence immédiate
de leur température propre, ces mêmes vases se rempliront par échange
d'une eau plus élevée en température : les thermomètres contenus dans
leurs capacités intérieures ne sauraient donc accuser la vérité. C'est en
vain qu'on emploierait de ces espèces de seaux métalliques qui portent,
à leurs fonds inférieurs et supérieurs, des clapets qui s'ouvrent dans le
même sens lorsque l'instrument descend, et se referment pareillement
quand il remonte ; l'eau étant infiniment peu compressible, pour se
mettre en équilibre avec les couches liquides environnantes saurait
bientôt vaincre d'aussi faibles obstacles. *Franklin* et les savants dont
nous avons parlé, s'en servaient dans leurs expériences relatives aux
températures sous-marines ; aujourd'hui encore les Américains en font
usage dans leur navigation thermométrique, surtout pour reconnaître
leur entrée dans le golfe *Stream* ; mais ils en reconnaissent bien l'insuffisance, et lui attribuent même une bonne part des contradictions
opposées à ce genre de navigation.

Pour ne pas préjuger sans connaissance de cause, nous avons aussi lume plus petit, quel que soit le degré de température qu'on lui affecte, c'est à cause de cette propriété qu'il a été pris dans cette circonstance pour servir de terme de comparaison dans notre système des poids et mesures. On a donné la valeur nominale d'un gramme au volume d'eau distillée que peut contenir un centimètre cube ; ce liquide étant pris, comme nous venons de le dire, à son maximum de densité, c'est-à-dire à $+ 4°$ centigrades.

En passant de $0°$ à $100°$ de température, l'eau se dilate d'un vingt-troisième de son volume primitif. Mais ces deux limites de température de l'eau étant constantes sous la pression de $0^m 76$, on leur a donné une place fixe dans notre échelle thermométrique centésimale.

Ajoutons qu'à $100°$ l'eau entre en ébullition, que, dans cet état, et la pression atmosphérique mesurée par une colonne de mercure de $0^m 76$, étant supposée constante, elle ne saurait acquérir plus de chaleur, quelle que soit la quantité de combustible qu'on emploie pour la chauffer ; que cette pression atmosphérique vaincue, elle se projette en vapeur ; mais cette vapeur n'est pas due à la décomposition de l'eau, elle change seulement de forme, toutefois, en emportant avec elle une plus ou moins grande somme de calorique.

essayé de saisir quelques lois sur cette espèce de navigation thermométrique ; nous avons eu l'occasion de multiplier nos expériences en assez grande quantité, et dans mille circonstances particulières. Le commandant de là corvette l'*Echo*, M. de *Chateauville* (1826), nous a donné toute la latitude possible à cet égard ; mais les résultats les plus incohérents en ont été la suite, et, sans pouvoir établir une progression quelconque, nous n'avons appris que ce que l'on savait déjà, c'est-à-dire que l'eau de la mer, à sa superficie, était la plus chaude. Nous avons bien observé quelquefois de très-légères variations en approchant des côtes, soit déclives soit açores ; mais il fallait en être très-près ; d'ailleurs ces résultats se contrariaient souvent, quoique les circonstances fussent semblables.

Relativement aux changements de température que l'eau peut acquérir en passant des réservoirs dans les tubes qui lui servent de conduits, on doit avoir égard aux dilatations que ces derniers peuvent acquérir par son contact immédiat. Alors, pour éviter leur rupture, on les fabrique par emboîtage, de distance en distance, de manière à pouvoir glisser, sans perte d'eau, les uns dans les autres. Il serait peut-être convenable de ne pas les lier dans leur longueur, soit par une maçonnerie trop solide, soit par tout autre moyen, afin que les tubes pussent obéir sans difficulté aux mouvements forcés de dilatation et de contraction qu'ils sont à même de supporter.

§ 4. *Des compensateurs.*

La *fig.* 1re indique le procédé mis en usage pour obvier aux accidents que nous venons de signaler : A I, et A I sont des garnitures de cuir comprises entre les tubes et leurs collerettes. Les portions de ces garnitures qui se trouvent serrées entre les collerettes sont, il est vrai, susceptibles de l'être plus ou moins par l'effet de la poussée des tubes ou de leur retrait ; mais alors la tranche de cuir qui se trouve en I, I est pressée par le liquide, s'élargit par sa force de pression même, et s'oppose ainsi à l'issue que le liquide pourrait trouver entre les deux collerettes.

§ 5. *De l'eau à l'état solide.*

Mais les effets de rupture dont nous venons de parler sont bien minimes en comparaison de ceux qui sont le résultat du changement de volume que l'eau acquiert en passant de l'état liquide à l'état solide ou de glace.

L'eau, à l'état de glace, occupe un volume plus grand d'un

quatorzième ; c'est pour cette raison qu'elle flotte, et c'est aussi en vertu de cette quantité que les marins estiment le volume submergé d'un glaçon quatorze fois plus grand que la partie qui émerge et qui est visible (1).

La puissance expansive de l'eau, en se transformant en glace, est capable de vaincre les plus grands obstacles. Nous sommes journellement témoins de la rupture des vases dont nous faisons habituellement usage. Les arbres qui éclatent, les maçonneries en pierre de taille qui se disjoignent, les crevasses de rochers qui s'élargissent, plusieurs autres dégradations lentes, mais progressives, peuvent être attribuées à cette cause, et des physiciens sont parvenus à faire éclater des tubes en fer très-résistants, des bombes même, en les soumettant pleins d'eau, et bouchés, à une température de — 10° centigrades.

Mais ces accidents n'auront pas lieu dans les tubes de conduits souterrains, si on a la bonne précaution de les placer assez au-dessous du sol pour leur conserver la température ordinaire des caves, qui, dans nos climats, et pendant les plus rigoureux hivers, se maintient toujours aux environs de + 9° centigrades.

§ 6. *De l'eau naturelle.*

Nous avons dit, dans le principe, que l'eau était aussi un corps insipide, incolore et inodore ; dans ce cas nous parlions de l'eau pure, telle enfin qu'elle ne se trouve jamais dans la nature.

(1) Lorsqu'une portion des glaçons flottants se trouve exposée au soleil pendant un certain temps, elle se fond ; la stabilité de la masse entière change, et il arrive souvent qu'ils tournent sur eux-mêmes pour reprendre une nouvelle assiette : c'est alors qu'il est dangereux pour les navires de se trouver dans leur voisinage.

Souvent l'eau contient en suspens des matières terreuses ou animales (1), qui alors peuvent en être séparées par le moyen du filtre ; souvent aussi des acides, des gaz ou des sels qui lui donnent ou des qualités nuisibles, ou des qualités minérales que la médecine a su mettre à profit.

On a plusieurs moyens de reconnaître quelles sont les qualités de l'eau relativement au corps qu'elle tient en dissolution, en mêlant avec elle certaines substances chimiques qu'on appelle réactifs. On les nomme ainsi parce qu'ils ont la propriété de dévoiler la présence des corps étrangers qui, en tant que dissous dans l'eau, sont alors inapparents. Ces réactifs sont : le *muriate de baryte* en liqueur, qui annonce la présence du sulfate calcaire en le précipitant sous la forme de flocons blanchâtres qui troublent l'eau ; l'acide oxalique, dont une ou deux gouttes jetées dans l'eau suffisent pour déterminer la précipitation de tous les sels calcaires ; l'eau de chaux, qui sert à reconnaître la présence de l'acide carbonique.

Quant aux matières terreuses ou animales, auxquelles on

(1) L'eau de la mer, dans quelques régions intertropicales, contient en telle quantité de ces animalcules phosphorescents qu'on appelle *scolopendres*, qu'au milieu de la nuit la plus obscure, et lorsque le navire marche avec une certaine vitesse, il serait possible de lire à la seule lueur qu'ils produisent.

On connaît cette expérience. Prenez un seau plein d'eau phosphorescente, aucune lueur n'attestera la présence des animalcules si vous n'agitez pas l'eau ; mais remuez-la, vous les verrez briller avec vivacité. Maintenant laissez reposer l'eau, ils disparaîtront de nouveau ; et si ensuite vous excitez leur vitalité ou leur électricité en jetant un peu d'acide dans le vase, vous les reverrez paraître ; en sursaturant l'eau ils disparaîtront entièrement.

Ils disparaissent encore lorsqu'on fait bouillir cette eau, et c'est en vain qu'après cette opération on chercherait à les faire reparaître par une agitation quelconque ou par tout autre moyen.

doit attribuer la couleur et l'odeur dont sont douées certaines eaux, on les sépare assez facilement, soit au moyen des filtres en papier non collé, soit au moyen des vases en pierre poreuse, tels que le grès, qui, en ne fournissant passage qu'à la partie la plus déliée du liquide, arrêtent les substances qu'elle tient en suspens. Le charbon pilé, qu'on place sur ces filtres en couches plus ou moins épaisses, a la propriété de dégager l'eau des substances animales qui la corrompent ou lui donnent une saveur désagréable au goût et à l'odorat ; mais alors il doit être renouvelé de temps en temps, en raison du plus ou moins grand degré de pureté de l'eau qu'on soumet à la filtration.

§ 7. *Des tubes de conduit.*

Les tubes qu'on emploie ordinairement pour la conduite des eaux sont en terre cuite, en plomb ou en fer coulé. Les premiers n'étant pas capables de soutenir, sans se crever, de très-grands efforts, on les entoure ordinairement d'une maçonnerie qui rend aussi leur liaison ou leur enveloppe plus résistante ; ils sont moins sujets aux effets de la dilatation ; mais aussi, en vertu de leur peu de résistance, ils ne sauraient être employés lorsque, le niveau de l'eau étant assez élevé, ce liquide est susceptible d'être arrêté spontanément dans leur canal intérieur. Alors la grande pression qu'ils éprouvent instantanément dans la partie qui avoisine le point d'arrêt, cause leur rupture : de là des réparations fréquentes et coûteuses.

Quant aux tubes de métal, nous avons indiqué déjà quelles sont les précautions à prendre pour éviter les effets de la dilatation ; les moyens de raccorder les tubes sont trop connus pour que nous nous permettions d'en grossir inutilement le volume. Quant à leur résistance, nous verrons plus tard qu'elle doit être proportionnée à l'élévation du bassin supérieur, c'est-à-dire que l'épaisseur du métal doit augmenter à mesure que les tubes se prolongent au-dessous du niveau de l'eau qu'ils conduisent.

§ 8. *Des manches en cuir.*

Dans le service des incendies, on remplace les tubes de métal par des manches fabriquées avec du cuir (*fig.* 1 *bis*), afin qu'elles puissent se ployer suivant les localités et suivant les endroits où il est nécessaire de transporter l'eau.

Ces manches sont cousues au moyen de fil de laiton ou de fil ordinaire ciré ; et, dans ces derniers temps, on a remplacé ces coutures par des rivures très-rapprochées.

Il n'entre pas dans notre plan de détailler toutes les opérations par lesquelles on parvient à fabriquer ces tubes de conduit, et d'ailleurs elles ne sont pas du ressort des ouvriers fontainiers.

On sait que, pour refouler l'eau, les manches simplement cousues et rivées sont suffisantes ; que, lorsque dans un incendie une issue se déclare sur un de ces tubes, on la bouche avec une lanière de cuir, dont on entoure cette manche à la partie endommagée, et même aux environs ;

Que quant aux tubes d'aspiration en cuir, ils doivent être munis intérieurement de ces viroles de cuir qu'on appelle *diaphragmes.*

Elles ont pour but de s'opposer à l'aplatissement du tube, qui ne manquerait pas d'avoir lieu par suite de la soustraction de l'air intérieur et de la pression atmosphérique extérieure.

Ces manches à diaphragmes sont principalement en usage à bord des bâtiments marins, parce que, dans les incendies, 'eau se trouve à côté du navire, et qu'il serait bien inutile de compliquer la manœuvre par un transvasement d'eau, qui peut ainsi s'éviter ; alors l'extrémité du tube à diaphragme est garnie d'un ajutage en métal mince, espèce d'étui percé de petits trous destinés seulement à laisser passage au liquide et à s'opposer à toute introduction de la part des corps étrangers.

§ 9. *Écoulement de l'eau.*

Nous nous trouvons nécessairement dans l'obligation de reproduire ici ce dont tous les livres de physique font mention, relativement à l'écoulement de l'eau ; c'est-à-dire :

Que quand l'eau s'écoule par une ouverture quelconque, elle suit la loi des corps graves ; que la même chose a lieu quand elle s'écoule dans un tube vertical, c'est-à-dire que son mouvement est uniformément accéléré, au frottement des tubes près ;

Que, relativement aux corps graves, et par conséquent à l'eau, s'ils ont employé une seconde pour parcourir le premier mètre, ils n'en emploieront que le tiers pour parcourir le second, ou encore ils parcourront trois mètres pendant la seconde suivante ; car, en multipliant un mètre par le carré de deux secondes, et retranchant du produit la première distance, nous aurons trois mètres pour celle qu'ont parcourue les mêmes corps dans le même espace de temps ;

Que l'inverse aura lieu si le liquide, au lieu de s'écouler de haut en bas, s'échappe par un jet continu de bas en haut : alors le mouvement est uniformément retardé ;

Que ces deux cas donnent lieu aux mêmes divisions mécaniques de l'eau lorsque l'écoulement a lieu à l'air libre, c'est-à-dire que la masse d'eau se partage en une multitude de particules plus ou moins semblables à celles de la pluie ;

Qu'en général la vitesse de l'écoulement étant connue, la

quantité se mesure par cette même vitesse, multipliée par la superficie de l'orifice;

Que quand elle s'échappe par jet d'un ajutage cylindrique et horizontal (*fig.* 40), le filet d'eau se contracte à une petite distance de l'ouverture, et que la veine contractée est à peu près les huit douzièmes du diamètre de l'orifice;

Que la forme la plus convenable pour obtenir la plus grande dépense d'eau, dans un temps donné, est celle qui est dessinée figure 41;

Que, dans les tubes horizontaux, le liquide n'exerce point de pression sur les parois intérieures;

Que dans les tubes verticaux, la pression de bas en haut du liquide s'exerce contre les parois de dedans en dehors, et que le contraire a lieu lorsqu'il descend par un mouvement accéléré :

Donc les tubes de conduite, destinés à élever l'eau verticalement, demandent à être plus résistants, et cela en raison de la masse d'eau supérieure;

Et aussi lorsque les tubes horizontaux sont affectés de sinuosités ou coudes, ils demandent une plus grande résistance suivant qu'ils sont plus ou moins aigus; car le mouvement du liquide, dans l'intérieur des tubes, tend à les redresser dans ces parties.

§ 10. *Des Tubes capillaires.*

On entend par tubes capillaires ceux dont le canal est tellement petit, qu'on peut le comparer, avec assez d'exactitude, au calibre d'un cheveu.

Ces tubes présentent un phénomène qui s'écarte entièrement de la loi des corps graves; lorsqu'on plonge un de ces tubes dans l'eau, ce liquide s'élève dans l'intérieur du tube au-dessus de son niveau, et cette élévation de la part du liquide est proportionnée à la petitesse du diamètre intérieur du canal.

S'observant aussi bien dans le vide pneumatique, que sous la pression atmosphérique, on ne saurait attribuer à celle-ci une part quelconque dans ses phénomènes vraiment curieux, et on a reconnu également que l'épaisseur des parois du tube était tout-à-fait indifférente.

Quand le tube capillaire, plongé dans le liquide, est un tube sec, on voit la colonne d'eau monter dans son intérieur, au-dessus du niveau de l'eau, et se terminer par un ménisque concave ; ce qui tendrait à prouver que cet effet est dû à l'attraction matérielle du tube sur les particules liquides ; et en effet il s'exerce avec plus d'intensité sur les parties les plus voisines du tube : on arrive à la même preuve par une opération qu'on peut regarder comme une synthèse.

Car si on enduit un tube capillaire (son canal intérieur) de corps gras, qu'on le plonge ensuite dans l'eau, non-seulement l'élévation n'aura pas lieu, mais encore le niveau, dans l'intérieur du tube, se maintiendra au-dessous du niveau extérieur, et la colonne liquide se terminera par un ménisque convexe.

Dans cette expérience, le peu d'affinité de la matière grasse avec l'eau s'oppose à son élévation, et, dans les deux cas, le sommet de chaque ménisque obéit à l'effet de l'équilibre atmosphérique.

Ces phénomènes dépendent évidemment de l'attraction moléculaire et matérielle ; car un tube capillaire enduit avec de l'huile, et plongé ensuite dans ce même liquide, présentera les mêmes résultats.

Ils ont également lieu relativement aux corps plongés, bien qu'ils n'aient aucune similitude de forme avec les tuyaux capillaires. Saupoudrez une vitre mouillée avec de la résine en poudre ou une poussière qui se mêle difficilement avec l'eau, plongez-la dans l'eau, et vous verrez ces petites particules s'élever bien avant que le niveau du liquide soit parvenu à leur hauteur. Le contraire aura lieu si la vitre est enduite de corps gras.

Les éponges, le sucre, tous les corps poreux, la pierre ponce, les mèches, etc., présentent les phénomènes des tubes capillaires, et on a même utilisé leurs propriétés pour décanter les liqueurs qu'on ne veut pas troubler : à cet effet, on place sur le bord du vase qui contient le liquide une mèche de coton ou une éponge convenablement façonnée pour qu'une portion plonge dans ce liquide, tandis que l'autre pend au dehors ; cette dernière répand goutte à goutte le liquide dégagé de corps étrangers, et on le reçoit dans un second vase.

Mais ces phénomènes étant limités à des tubes de très-petites dimensions, et relativement au décantement, à des niveaux très-rapprochés, ils offrent peu de ressources aux amateurs du mouvement perpétuel.

§ 11. *Siphons.*

Il n'est peut-être personne qui, en voyant l'eau s'écouler par la longue branche d'un siphon, n'ait eu l'idée de renverser le problème, c'est-à-dire de plonger le grand tube dans le liquide, et d'obtenir ainsi son écoulement par la branche la plus courte. C'eut été le cas d'un mouvement perpétuel. Heureusement pour l'industrie humaine que les lois générales de la pesanteur s'y opposent.

Les siphons sont utiles lorsqu'il s'agit de transvaser les liquides sans les troubler, ou encore quand on a besoin de conduire l'eau de l'autre côté d'un obstacle élevé, qu'on n'a pas la faculté de contourner ni de percer en ligne droite ; mais leurs fonctions sont assujetties à des règles générales, dont nous allons dire un mot.

Les siphons sont des tubes recourbés, tels que **B A C** (*fig.* 22 et 23), dont une des branches, **A B**, est plus longue que l'autre, **A C**. Si on remplit ces tubes avec de l'eau ou un liquide quelconque, si ensuite on plonge la plus courte branche dans un vase plein du même liquide, il s'écoulera sans interruption par la plus longue branche **B A**.

En appliquant les effets de la pression atmosphérique à cet appareil, on verra d'abord que, tant que le tube **A C** ne sera pas plus long que 10 mètres 40 centim. (32 pieds), la colonne d'eau pourra se soutenir dans toute sa longueur, et ensuite qu'elle ne saurait se séparer de celle qui est contenue dans l'autre branche **A B** ; car le vide ne peut s'établir en **A** que lorsque la colonne d'eau contenue dans **A C** a plus de 10 mètres 40 centim. (32 pieds) de longueur. De plus, la colonne d'eau contenue dans **A B** est plus pesante comme plus étendue, donc elle entraînera celle de **A C**, qui est moins longue, et par conséquent moins pesante.

L'écoulement doit donc continuer tant que les niveaux resteront les mêmes.

Quand les tubes **A B** et **A C** sont égaux, l'équilibre a lieu, ils restent pleins d'eau, mais elle ne s'écoule pas.

Les mêmes phénomènes, relatifs aux 10 mètres 40 cent. (32 pieds) d'eau, sont applicables aux 76 centimètres (28 pouces) de mercure.

Quand le diamètre du tube **A B** est plus grand que celui du tube **A C**, il n'en résulte point une augmentation dans l'écoulement du liquide ; car, en considérant ce qui se passe au point de réunion **A**, on voit que la force d'attraction qui y est relative ne saurait être plus grande que celle qui a pour expression la surface de section au point **A** multipliée par la longueur verticale de **A B** ; or, c'est à celle-là qu'il faut avoir égard.

Car on pourrait induire de ce que nous avons dit, dans

un des paragraphes précédents, que si l'écoulement dépend de la pesanteur de l'eau contenue dans la longue branche, en raccourcissant ce tube et augmentant son diamètre, on pourrait obtenir la même pesanteur et par suite l'élévation de l'eau au-dessus de son niveau, mais il en est tout autrement; car, comme nous l'avons dit plus haut, la pesanteur de la colonne d'eau, dont l'effet est d'entraîner celle de A C, n'a pour expression que la petite base du sommet de la colonne en A, multipliée par la longueur du tube éjecteur prise verticalement. Le liquide remplira bien à peu près la capacité du tube ainsi agrandi; mais une portion restera suspendue, tandis que celle que peut fournir A C passera par son milieu. Nous aurons plus tard l'occasion de revenir sur cet effet de pression.

Ainsi donc, les siphons ne sauraient conduire l'eau en passant par-dessus un obstacle plus élevé que 10 mètres 40 centim. (32 pieds) du niveau; et de plus il est nécessaire que les deux branches du siphon soient inégales, et que l'ouverture du tube d'écoulement soit au-dessous du niveau du liquide dans lequel plonge la plus courte branche de l'appareil.

Nous avons dit qu'on les employait ordinairement pour transvaser les liquides susceptibles de se troubler par le jeu du piston et du clapet de petites pompes qui les remplaceraient dans cet usage. Dans ce cas on leur ajoute un tube latéral F qui communique avec l'intérieur du siphon aux environs du point B. De plus, on adapte à cette extrémité un robinet destiné non-seulement à arrêter, suivant le besoin, l'écoulement du liquide, mais encore à mettre l'instrument en fonction.

On se rappelle que nous avons posé en principe que pour entrer en fonction, il était nécessaire que l'instrument fût préalablement plein du liquide qu'on veut transvaser. Cette condition est indispensable, et voilà comme on y parvient avec le secours du tube F.

La branche A C étant plongée dans le liquide qu'on veut transvaser, on ferme le robinet en B, on aspire ensuite par I l'air contenu dans le tube, ou pour mieux dire on décharge la surface du liquide, celle qui, dans le tube A C, a pris un niveau correspondant à celui du vase, de la pression atmosphérique qui agit sur elle; alors la pesanteur atmosphérique extérieure au siphon agit sur le liquide environnant, le presse, l'oblige d'abord à monter suivant C A, et ensuite à descendre suivant A B; l'instrument se remplit ainsi d'eau, et se trouve dans le cas de celui dont nous avons parlé plus haut, c'est-à-dire qu'il suffit de tourner convenablement le robinet en B pour obtenir l'écoulement du liquide.

L'opération que nous venons d'expliquer, et qui s'obtient avec le secours du tube auxiliaire F I, et d'un mouvement de succion, ne pourrait évidemment pas s'appliquer aux siphons de grandes dimensions, car l'effort dont un individu est capable est très-limité, tandis que la pression atmosphérique est relative aux surfaces. On sait que cette pression agissant sur une surface de 2 centimètres 7 millim. carrés (1 pouce carré), est égale à environ 7 kilogrammes (14 liv.), et que par conséquent cette pression, pour un tube dont le diamètre inférieur serait de 116 millimètres (5 pouces et 9 dixièmes), et la hauteur verticale de 10 mètres 40 centim. (32 pieds), ce qui est équivalent à une colonne d'eau dont la surface de section est de 52 centimètres 5 millim. carrés (12 pouces carrés) environ et 10 mètres 40 centim. (32 pieds) de hauteur verticale, exigerait, pour être vaincue, un effort de succion égal à 84 kilogrammes (168 livres).

Pour obtenir le plein dans les siphons de grande dimension, on bouche d'abord les extrémités des deux tubes, puis on verse par une ouverture pratiquée en A, l'eau nécessaire pour établir le plein; ensuite cette troisième ouverture se ferme au moyen d'un robinet bien ajusté; on débouche les tubes et l'écoulement continue.

Nous avons dit plus haut qu'il était nécessaire aux fonctions des siphons que la branche A C, comptée verticalement à partir du niveau du liquide jusqu'en A, ne soit pas plus longue que 10 mètres 40 centim. (32 pieds); mais il est bien évident que, quels que soient ensuite les coudes que forme dans sa longueur la branche A B, pourvu qu'il n'y en ait point au-dessus du point A, que nous supposons à 10 mètres 40 centim. (32 pieds), ils ne sauraient entraver l'écoulement du liquide qui, dans tous ces cas, chercherait toujours à reprendre son niveau.

Ainsi donc, je suppose que le tube A C parte du point A situé à 9 mètres 75 centim. (30 pieds) au-dessus du niveau de l'eau, et descende à 26 mètres (80 pieds) plus bas; il est clair qu'en ajoutant ensuite un tube de pareille longueur et dirigé de bas en haut, le niveau du liquide s'établirait dans ce tube à la même hauteur que celui du vase, et il faudrait ensuite, pour que l'écoulement s'effectuât, ou raccourcir le tube en dessous du niveau du vase, ou le recourber après dans un sens contraire, ce qui est équivalent.

Les aqueducs, au moyen desquels les anciens transportaient l'eau, s'ondulaient ainsi sur la pente déclive des montagnes; mais les premiers tubes ou canaux ne pouvaient s'élever au-dessus de 10 mètres 40 centim. (32 pieds). Quant aux autres, ils pouvaient être ensuite beaucoup plus longs s'ils étaient descendus d'abord bien en dessous de cette limite; mais ils ne pouvaient la dépasser, et il était également nécessaire que le point de la chute de l'eau fût sensiblement plus bas que celui de son point de départ.

§ 12. *Des Siphons à soupapes.*

De grands perfectionnements ont été apportés aux siphons, tels que nous venons de les décrire ; le plus important est sans contredit l'application des soupapes, à l'aide desquels l'eau coule perpétuellement, c'est-à-dire qu'elle ne cesse pas de couler par l'abaissement du fluide, en telle sorte què dans les terrains inclinés ils peuvent servir à rendre l'eau des puits propre à l'arrosage des propriétés et à la création d'eaux jaillissantes.

Les seules conditions du succès sont que le niveau du terrain à arroser soit plus bas que celui de l'eau qu'il faut attirer, et que le puits et le terrain ne soient pas séparés par des hauteurs, telles que la pression de l'atmosphère, seul auteur des siphons, devienne impuissante à les franchir ; quant à la distance des lieux, c'est 200, 300 mètres (609, 924 pieds), peu importe, pourvu que l'ouverture de sortie de la branche descendante du siphon soit constamment au-dessous du niveau de l'eau dans le puits : cependant, plus la distance est grande, plus sont multipliés les frottements de l'eau contre les parois intérieures des tubes, et plus lent doit être l'écoulement ; il faut donc, pour compenser les frottements, employer des tubes d'un plus grand diamètre.

La perfection du niveau siphon consiste en ce qu'il a la propriété de ne pouvoir se vider par l'abaissement de l'eau dans le puits. Voici la manière de le disposer à cet effet :

Le siphon aura sa branche descendante qui plonge dans un bassin plein d'eau ; lorsque l'eau dans le puits sera au niveau de celle du bassin, l'écoulement se ralentira, s'arrêtera même, sans que l'air s'introduise, pourvu que l'ouverture de la branche ascendante soit toujours plus basse que l'eau du puits.

Les ouvertures des branches pourront être au même niveau et recourbées l'une et l'autre en forme de crochets.

La branche descendante recourbée aura son ouverture de sortie à un niveau plus élevé que celui de l'ouverture d'entrée de la branche ascendante.

La branche ascendante pourra être recourbée à son ouverture en forme de crochet, et cette ouverture garnie d'un clapet, soupape ou robinet, s'ouvrant et se fermant par l'ascension ou l'abaissement de l'eau, au moyen d'un liège ou d'un globe plein d'air, qui, lorsque l'eau sera haute, étant plongés sous cette eau, tendront à monter à la surface, et tiendront ouverts les clapets, robinets ou soupapes, et qui, lorsque l'eau baissera, s'abaissant avec elle, laisseront se fermer peu à peu les clapets ou soupapes, en ne leur laissant que l'ouverture nécessaire à l'écoulement de l'eau amenée dans le puits par la source, pour les rouvrir au fur et à mesure que l'eau s'élèvera.

Pour les puits dont la profondeur excédera 10 mètres 40 centim. (52 pieds) au-dessous du point culminant du siphon, la branche ascendante aura plus de 10 mètres 40 cent. (52 pieds) de longueur. Lorsque l'eau sera descendue à 10 mètres 40 centim. (52 pieds) au-dessous de ce point culminant, l'écoulement sera suspendu naturellement sans soupapes, clapets ni robinets.

Lorsque le puits n'a pas 10 mètres 40 centim. (52 pieds) de profondeur au-dessous du point culminant du siphon, les branches seront élevées hors terre à la hauteur convenable pour créer la profondeur de plus de 10 mètres 40 centim. (52 pieds), ou rendre plus pesants les clapets ou soupapes intérieurs qui restent soulevés pendant l'ascension, afin que la pesanteur des soupapes, jointe au pied de la colonne d'eau ascendante, équivale à la pression atmosphérique.

Ces trois siphons permettent de plonger la branche descendante bien au-dessous du niveau de l'eau dans le puits, et de produire par conséquent des eaux jaillissantes. Plus le niveau de l'eau dans le puits sera supérieur à celui de l'ouverture de sortie, plus l'écoulement sera rapide et plus les eaux seront jaillissantes.

Ces trois derniers siphons présentent encore l'avantage, par la rapidité de leur écoulement, de permettre de disposer promptement, avec de petits tubes, de l'eau qu'on peut alors laisser s'amasser dans le puits comme dans un bassin.

Tous les siphons sont garnis à leur point culminant d'un robinet et entonnoir, pour remplir le siphon lorsqu'on veut le mettre en activité, de robinets pour laisser alors échapper l'air, et d'un grillage métallique à l'ouverture de la branche ascendante, pour que l'eau qui pénètre dans le piston soit toujours pure. En dessous du siphon on pourra, de distance en distance, placer des boîtes de plomb, servant à recevoir le limon entraîné par les eaux, et qui devront être dégagées lorsqu'il sera nécessaire.

Ce genre de siphon se distingue des autres, 1° en ce qu'il peut servir à l'irrigation et surtout à créer des eaux jaillissantes; 2° en ce que les branches sont garnies de soupapes qui font que, l'eau une fois abaissée au niveau de l'ouverture de la branche ascendante, l'air ne peut s'introduire dans le tube et arrêter l'écoulement qui peut recommencer.

CHAPITRE II.

PRINCIPES GÉNÉRAUX.

§ 1er. *Des Pompes.*

Lorsqu'on remplit un tube quelconque d'eau, si ce tube est débouché par ses deux extrémités, elle s'écoule, et quand même on le tiendrait plongé dans une cuvette d'eau, comme ceux dont nous avons parlé plus haut, le liquide prendrait bientôt son niveau en retombant dans la cuvette inférieure.

La pesanteur atmosphérique, dans ce cas, agit des deux côtés, et sur l'eau de la cuvette et sur celle de la partie élevée et débouchée du tube; mais la pesanteur propre du liquide l'entraîne suivant la loi des corps graves.

Mais si un obstacle tel que A B (*fig.* 2) s'abaisse en même temps que l'eau sera sollicitée à s'écouler, la colonne sera arrêtée, et ne pourra plus obéir à la force qui tend à la faire descendre en bas.

Et si nous supposons qu'un piston tel que C D tenu à une tige T I, soit animé d'une puissance capable de le faire circuler de bas en haut, alors toute la partie de la colonne d'eau supérieure sera soulevée, et celle qui reste en dessous du piston sera déchargée et de la pesanteur de cette portion d'eau et de la pression atmosphérique supérieure.

Car, puisque cette pression agit toujours sur l'eau de la cuvette, il suit de ce que nous avons dit précédemment, que cette eau pourra s'élever jusqu'à 10 mètres 40 centim. (32 pieds), mais pas au-dessus, parce qu'alors la colonne d'eau intérieure et la pression de la colonne d'air atmosphérique extérieure qui agit par en bas, se font équilibre. Il faut même, comme nous le verrons plus tard, diminuer quelque chose de cette quantité, en égard aux variations accidentelles de la pesanteur atmosphérique et à l'imperfection du vide qui, au moyen d'un piston, ne saurait être égal à celui auquel donne lieu un tube entièrement bouché par en haut.

§ 2. *Piston et clapet.*

On voit dans la *fig.* 2, que le piston CD porte aussi un

clapet destiné à s'ouvrir et à se fermer comme celui d'en bas dans les moments convenables ; mais ces époques, par la disposition mécanique de ces clapets ou soupapes, sont inverses relativement à leur moment d'ouverture et de fermeture, c'est-à-dire qu'ils ne sauraient jamais s'ouvrir ni se fermer en même temps, mais bien séparément, de telle sorte que si, après l'opération que nous venons d'indiquer plus haut, on continue le mouvement alternatif du piston de haut en bas, le clapet inférieur se fermera par l'effet de la pression de l'eau qui cherche à s'écouler, tandis que celui du piston s'ouvrira par l'effet de la force motrice qui agit par-dessous le piston et au-dessus de la colonne d'eau intérieure.

Dans ce mouvement descendant du piston, l'eau contenue dans le corps de pompe reste stationnaire puisqu'aucune force ne la sollicite à monter, et que le clapet inférieur, qui bouche le tube, empêche le liquide de s'écouler par en bas.

Mais si on continue ce mouvement alternatif, l'eau montera à chaque coup de piston dirigé de bas en haut, et pourra même s'écouler par un dégorgeoir F disposé pour lui livrer une issue.

Tel est le mécanisme qu'on emploie le plus ordinairement pour élever l'eau au-dessus de son niveau. Peu susceptible de dérangement, il ne nécessite qu'une force égale seulement à la pesanteur de la colonne d'eau soulevée, plus celle qu'il est nécessaire de dépenser pour vaincre le frottement du piston.

Dans les opérations que nous venons d'indiquer, nous avons supposé que le tube ou corps de pompe fût préalablement rempli d'eau.

Quand il est vide d'eau, et par conséquent plein d'air, l'action du piston dans son mouvement de bas en haut est de dilater l'air intérieur, qui, comme nous l'avons prouvé, est élastique, et de déprimer d'autant le niveau de l'eau HR, c'est-à-dire celui qui lui correspond dans l'intérieur du tube. Alors cette eau monte d'une certaine quantité, tandis que dans le mouvement descendant du piston, elle ne saurait s'échapper par l'ouverture inférieure, qui alors se trouve bouchée par son clapet. En réitérant donc le mouvement alternatif du piston, on obligera l'eau d'arriver jusqu'à une hauteur où il aura prise sur elle : alors l'opération continuera comme nous l'avons indiqué plus haut.

Mais la régularité d'une pareille opération dépend de l'efficacité du jeu des pistons qui ne sont pas ordinairement fabriqués pour agir sur l'air, qui est un fluide éminemment plus subtil que l'eau ; car s'ils n'ont pas fonctionné depuis quelque temps, et si par suite leurs garnitures de cuir ou d'étoupes sont un peu sèches, ils sont bien capables de manquer leur effet, ou de ne le remplir qu'imparfaitement. Toutefois on prévient facilement ces inconvénients en amorçant la pompe.

Ce procédé consiste à jeter préalablement un peu d'eau dans le corps de pompe par l'ouverture supérieure. Dans ce cas, cette eau humecte les garnitures, multiplie les points de contact, bouche les issues, et restant au-dessus du piston, forme elle-même un piston bien ajusté et bien capable d'agir immédiatement sur l'air intérieur du tube.

Dans le cas où la distance entre le niveau HR et la limite inférieure de la course du piston serait plus grande que 10 mètres 40 centim. (32 pieds), l'eau ne s'élèverait que jusqu'à cette hauteur, et le piston serait incapable d'agir ensuite sur l'eau, et par conséquent de l'élever jusqu'au dégorgeoir ; mais alors, au lieu de supposer que la nature a horreur du vide jusqu'à 10 mètres 40 centim. (32 pieds), il vaudrait encore mieux allonger la tige TJ du piston, de manière à ce que la course de ce dernier ait lieu en dessous de cette hauteur.

§ 3. *Corps de pompes.*

Les formes que l'on doit donner aux corps de pompes sont tout-à-fait arbitraires pour l'élévation de l'eau ; mais la plus convenable relativement au frottement des pistons est la forme circulaire, car on sait que le contour d'une surface carrée ou polygonale, égale à celle d'un cercle, est plus grand que le contour circulaire de ce dernier, et qu'alors on agirait sur un même volume de liquide en dépensant, pour vaincre un plus grand frottement, une plus grande somme de puissance motrice.

Toutefois la forme carrée et prismatique peut offrir des avantages aux navigateurs, en ce qu'elle est facile à obtenir promptement, et qu'elle n'exige point les moyens assez difficultueux par lesquels on parvient à percer les pièces de bois qui ordinairement sont destinées à servir de corps de pompes.

§ 4. *Pompe carrée.*

La *fig.* 3 représente une pompe de cette espèce ; le tube ou corps de pompe se compose de quatre planches clouées par leurs arêtes de manière à former un prisme quadrangulaire droit. La tige **P** du piston est une cinquième planche mobile, qui est destinée à fonctionner suivant une des deux diagonales du prisme, et semblablement à celle des pompes ordinaires, c'est-à-dire de bas en haut et de haut en bas. Pour concourir à cet effet, on abat les arêtes de cette cinquième planche de manière à donner à son épaisseur et à ses deux tranches une nouvelle figure angulaire, telle qu'elle est nécessaire pour que cette planche puisse jouer librement et sans pouvoir s'en écarter dans la diagonale également angulaire du prisme. En outre, cette cinquième planche est garnie d'abord de plusieurs ouvertures, telles que I, I, I, destinées à établir communication entre les deux parties du prisme qu'elle divise, et ensuite à son extrémité inférieure de deux triangles rectangles établis à charnières par un de leurs côtés, et contre chaque face de cette même planche, ici en XZ.

Mais ces triangles rectangles, dont les fonctions sont de servir de soupapes, ne doivent pas être susceptibles de s'abaisser au-dessous de l'horizontale, et à cet effet chaque sommet est attaché à une ficelle qui s'arrête d'autre part en O à la planche.

Le corps de pompe porte aussi un dégorgeoir en D et un clapet en C destiné à remplir les mêmes fonctions que ceux des pompes ordinaires. Ce clapet est une simple planche carrée installée à charnière comme les triangles de la tige au moyen d'une lanière de cuir, et comme eux aussi arrêté dans la position horizontale par un taquet T cloué à la face opposée du prisme. La puissance motrice s'applique en P, à l'extrémité supérieure de la tige.

Il résulte de cette construction que, la pompe étant déjà pleine d'eau, si on fait mouvoir la tige de bas en haut, les clapets, par l'impulsion même du liquide, prendront la position horizontale, enlèveront toute l'eau supérieure, tandis que C s'élèvera pour remplir le manque d'eau, qui est la suite de ce premier mouvement.

Dans le mouvement contraire, C se ferme, et les deux triangles, dont S et S' sont les sommets, s'appliquent de chaque côté de la planche; celle-ci peut donc obéir à un mouvement auquel rien ne s'oppose. Ensuite l'opération de bas en haut ayant lieu de nouveau, une nouvelle ascension du liquide en sera aussi la conséquence.

Cette forme quadrangulaire des pompes, facile à obtenir dans un danger imminent, offre des avantages aux navigateurs : nous n'en avons fait mention que par cela même ; car on voit bien, comme nous l'avons déjà dit, qu'elle ne satisfait pas tout-à-fait aux mêmes conditions que les tubes cylindriques, en ce que les pistons, relativement à leurs superficies, présenteront un plus grand contour à l'action du frottement (1).

§ 5. *Pompe cylindrique.*

Mais la figure cylindrique s'accorde mieux avec la grande résistance à laquelle les pompes sont quelquefois dans le cas d'être appliquées ; car il est bien évident que cette dernière forme est celle que prendrait tout prisme polygonal dont les faces seraient élastiques, et dans lesquelles des forces égales, uniformément distribuées, agiraient toutes de dedans en dehors.

Les pompes dont nous venons de parler sont appelées *pompes aspirantes* ; et comme la plupart des défauts dont elles peuvent être frappées sont aussi ceux qui affectent le plus ordinairement toutes les autres machines semblables, de quelque espèce qu'elles soient, nous allons immédiatement en dire un mot.

Les corps de pompes peuvent être en bois ; ils peuvent être entièrement en métal, ou seulement se composer d'un corps de pompe en bois, mais qui contient dans la partie intérieure, qui sert de course au piston, un étui en métal destiné à lui fournir le frottement.

La partie qui demande le plus de soin, quant à l'exécution, est celle que doit parcourir le piston ; et si le reste du tube peut être affecté d'une forme quelconque, il est néces-

(1) On remarquera cependant que dans le mouvement descendant du piston, le frottement des claquets triangulaires est annulé, puisqu'ils s'appliquent contre la planche ; c'est un avantage notable dont il faut tenir compte.

saire cependant à la régularité des fonctions de la pompe qu'il n'y existe aucune fissure qui puisse donner accès le moindrement possible à l'air extérieur. Ces défauts, qui sont ordinairement attachés aux nœuds que contiennent les corps de pompes en bois, sont préjudiciables, surtout lorsqu'ils se trouvent dans la partie sous-jacente que ne parcourent pas les pistons, et beaucoup plus encore lorsque la pompe aspire l'eau à de grandes limites, telles que 9 mètres 10 centim. ou 9 mètres 42 centim. (28 ou 29 pieds).

Nous rappellerons ici ce que nous avons déjà dit plus haut relativement au baromètre à eau et à mercure, c'est-à-dire que le même accident atmosphérique qui ferait descendre le mercure dans un baromètre ferait aussi descendre l'eau dans son tube correspondant; et comme la pesanteur de l'air, relativement au baromètre ordinaire, a varié quelquefois depuis 70 centimètres jusqu'à 80 centimètres (25 pouces 10 lig. jusqu'à 29 pouces 2 lignes), ce qui constitue une différence de 90 millimètres (5 pouces 4 lig.) mettons 81 millimètres (3 pouces), que chaque 27 millimètres (chaque pouce) de mercure correspondent à peu près à 38 centimètres (1 pied 2 pouces) d'eau dans le tube à eau, il s'ensuit qu'un piston qui agirait à 9 mètres 75 centim. (50 pieds) de hauteur pourrait, dans quelques cas, ne pas remplir son effet sans qu'on puisse l'imputer à un défaut quelconque de la part de l'appareil.

Dans ce cas, comme nous l'avons déjà dit, on doit baisser la course du piston de manière à ce qu'il agisse toujours en dessous de la plus petite limite possible, c'est-à-dire en dessous de 10 mètres 40 centim. (32 pieds) moins trois fois 38 centimètres (14 pouces), ou 9 mètres 25 centim. (28 pieds 6 pouces), et on retranchera encore quelques décimètres pour les défauts des ajustages des pistons, qui, on le sait, ne sauraient remplir tout-à-fait les mêmes conditions qu'un tube bouché par en haut.

Un défaut des pompes, dont le moindre inconvénient est de dépenser une grande somme de puissance sans effet utile, est celui pour lequel on n'a pas observé la loi de la presse hydraulique de Pascal.

Si on remplit d'eau un vase tel que **CDAB**, *fig.* 4, jusqu'à ce qu'elle effleure l'ouverture en **C**, la pression éprouvée par la base **AB** sera égale au produit de la surface de cette base par la pesanteur d'une colonne égale à **CK**; c'est-à-dire que la force qui agit suivant **CK** se reproduira autant de fois sur les parois intérieures de la capacité que la surface d'une section du petit tube **CD** y sera contenue. Pour **AB**, il supportera la partie de cette somme de pression, qui est relative à cette superficie.

Cette propriété a été mise à profit, *fig.* 4 *bis*, dans les arts et dans plusieurs circonstances particulières, pour obtenir de très-grands effets de puissance; mais alors il faut que les résistances à vaincre ne soient pas sujettes à céder beaucoup; car, dans ce dernier cas, il faudrait faire agir assez longtemps la pompe foulante qu'on adapte ordinairement au tube **CD**, afin qu'elle puisse alimenter en quantité convenable la capacité inférieure. On conçoit que l'effet d'un léger déplacement de la surface **AB** serait d'augmenter considérablement la capacité du vase, et qu'alors, étant obligé de combler le déficit d'eau qui en résulterait, on gagnerait en force ce qu'on perdrait en vitesse et en temps.

Le contraire a lieu si on renverse le problème, c'est-à-dire que le tube **C** plongeant dans l'eau, si on agit sur le piston **ABFG** pour élever le liquide par un mouvement d'aspiration, on sera dans le cas de consommer une grande puissance sans effet utile, puisque dans ce cas, on ne saurait élever une plus grande quantité d'eau que celle que les tubes **CD** peuvent conduire.

Dans le cas de notre figure, la puissance employée (abstraction faite des frottements) sera égale à autant de fois la pesanteur de la colonne d'eau, dont la hauteur est égale à C K, que la base du petit tube CD sera contenue sur la surface du grand piston A B.

Ainsi donc, la forme de pompe dessinée *fig.* 6 est défectueuse, parce qu'on agit sur une grande masse d'eau pour n'en élever qu'une portion ; qu'ainsi la puissance à employer doit être plus grande ; enfin, parce qu'un plus grand piston donne également lieu à un plus grand frottement.

Il vaudrait infiniment mieux élargir le tube inférieur d'aspiration, qui ne saurait jamais être vide lorsqu'il est en dessous des limites voulues, diminuer le diamètre de la partie du tube qui sert de course au piston ; dans ces cas, on agira toujours sur la portion d'eau seule qu'on doit élever.

Le principe sur lequel repose la presse hydraulique peut s'appliquer non-seulement aux pompes dont nous venons de parler, mais encore aux tubes qui servent à la conduite des eaux. Ainsi, il serait évidemment défectueux de les étrangler au sommet lorsqu'il n'est pas utile de se procurer un jet d'eau quelconque.

Il suit aussi des lois de la presse hydraulique qu'un tube de conduit vertical, quand l'eau est arrêtée dans sa capacité intérieure, éprouve d'abord, au point d'arrêt, une pression égale à la base de la colonne d'eau multipliée par sa hauteur, et ensuite sur chaque élément de la partie latérale du tube, une pression égale à cette même base par la hauteur de la colonne prise à partir de ce point. Il est donc nécessaire que les tubes soient plus résistants à mesure qu'ils s'abaissent au-dessous des réservoirs.

§ 6. *Pistons à soupape.*

La *fig.* 6 représente la forme des pistons à soupape qu'on

adapte ordinairement à l'extrémité des tiges qui leur communiquent le mouvement et la puissance nécessaires. Cette
tige, soit en bois, soit en métal, se divise en deux branches
A B et A'B', qui vont se fixer en fôrme de fourche sur les
parties correspondantes et diamétralement opposées de la
heuse; elles traversent son épaisseur, et vont s'arrêter en
dessous, au moyen de boulons ou de toute autre manière.
Leur disposition doit être telle, qu'elles ne puissent gêner
en rien le mouvement des clapets, dont la charnière commune est dirigée suivant B B'.

Ces deux clapets ou soupapes, tout en s'ouvrant de façon à laisser un libre passage au liquide par l'ouverture de
la heuse, ne doivent pas être susceptibles de prendre une
position tout-à-fait verticale; car, dans le cas où la tige remonte, aucune impulsion de la part du liquide ne les solliciterait à prendre la position horizontale, c'est-à-dire à fermer, comme cela doit être, l'ouverture de la heuse ou du
piston. On leur applique ordinairement des surfaces de cuir,
comme aussi à l'entour de la heuse en F G et F' G'; mais
ces garnitures de cuir, avantageuses lorsqu'on agit sur
de l'eau froide, ne peuvent soutenir les effets de la chaleur lorsque les pompes sont destinées à élever des eaux
chaudes.

Dans ce cas les pistons et leurs soupapes sont fabriqués
tout en métal, et le plus ordinairement en laiton ou en cuivre jaune. La *fig.* 7 représente la coupe d'un semblable piston. B B' est le massif circulaire, cylindrique et ouvert coniquement, destiné à agir sur le liquide; S P Z X M est la soupape, également de métal, dont la tige Z X circule dans une
ouverture circulaire comme elle, pratiquée à la barre transversale R T; le mouvement ascendant et descendant de cette
soupape est réglé et limité d'abord par le bouton M, qui fait
partie de la petite tige Z X, et ensuite par la soupape même

SP : le premier, en s'appuyant sous la traverse RT ; la seconde, en s'appuyant sur le contour semblablement conique de l'ouverture supérieure pratiquée au piston. Le mouvement de la soupape ou de la tige est un mouvement perpendiculaire ; et on obtient, relativement à la soupape et à l'ouverture conique de la heuse, leur superposition intime par l'opération du rodage et du tour.

Le piston, tel qu'il est dessiné dans la planche, est vu dans le cas où il est animé d'un mouvement descendant : aussi la soupape est soulevée, et laisse le liquide libre de s'écouler suivant la direction des flèches tracées dans la figure.

Cette forme de piston et de soupape ne fournit pas au liquide une issue aussi libre que celle que nous avons indiquée plus haut, mais elle convient parfaitement pour les liquides chauds auxquels on applique quelquefois les pompes.

§ 7. *Étuis métalliques.*

Les étuis métalliques qui servent de course aux pistons, les pistons eux-mêmes, sont affectés de formes semblables et régulières, par l'opération du rodage et du tour. Lorsque ces étuis ont été alésés, on fait circuler dans leur canal intérieur des cylindres calibrés et enduits de poussières corrodantes, telles que l'émeri et la pierre ponce pilée ; on parvient ainsi à leur donner une figure tellement régulière, que les pistons, qui ont été calibrés dans les étuis mêmes deviennent capables, sans garniture de cuir, d'agir immédiatement sur l'eau qu'on veut élever.

Nous avons dit que les soupapes en métal, et la partie conique des heuses qui doit les recevoir, s'obtiennent semblables dans les surfaces qui doivent se superposer, par la même opération du rodage ; cette opération consiste à appuyer l'une contre l'autre les deux pièces qui doivent se superposer, à affecter à l'une d'elles, au moyen du tour, un mouvement de rotation rapide, tandis qu'on interpose des poussières humectées et plus ou moins corrodantes, suivant qu'on arrive plus ou moins vite à la forme définitive et convenable. De cette manière on parvient à enlever toutes les aspérités ou défauts qui ont échappé au burin du tourneur, ou que son adresse, d'ailleurs, ne saurait prévoir rigoureusement.

Toutefois, dans la fabrication des pompes en métal, on doit éviter de faire entrer dans leur mécanisme des pièces de métal d'espèce différente, parce qu'il en résulte des effets galvaniques qui donnent lieu à une plus ou moins grande production de rouille ou d'oxide.

Ces effets du galvanisme, comme on sait, reposent sur l'action réciproque que produisent deux métaux qui se touchent, et qui alors s'électrisent différemment. Dans les pompes, cette action devient d'autant plus énergique, qu'elle est aiguisée par le contact de l'eau, très-favorable au développement de l'électricité. Le cuivre, en contact avec le fer, acquiert l'électricité négative, et attire l'hydrogène de l'eau, tandis que le fer acquiert l'électricité positive, attire son oxigène, brûle le métal, en donnant lieu à une plus ou moins grande production d'oxide.

Les pompes que nous avons décrites plus haut sont des pompes aspirantes; elles sont de plus intermittentes, car l'élévation de l'eau est suspendue dans le moment où le piston descendant n'imprime au liquide aucune impulsion capable de le faire monter dans le tube. Toutefois, on détruit cette intermittence, en réunissant le jeu de deux corps de pompes semblables, et en leur affectant un dégorgeoir commun.

§ 8. *Pompes aspirantes sans intermittence.*

Fig. 8. A C B est une bringuebale dont l'axe de mouve-

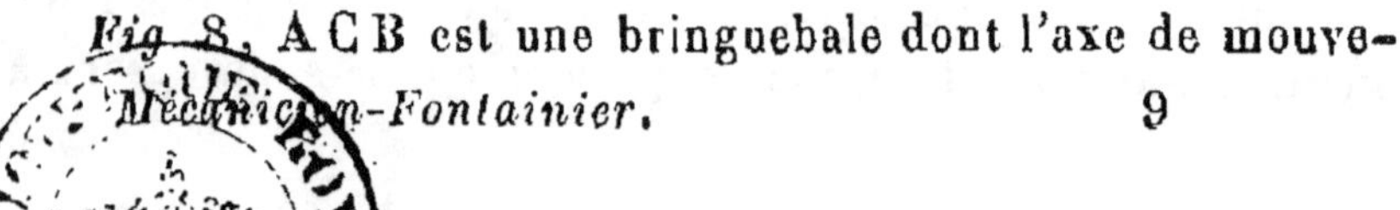

ment est en C; les deux tiges des pistons sont adaptées, d'une part, en A et E, à la bringuebale, de l'autre en D et E, à chacune des heuses. La manière dont les pistons sont adaptés aux tiges doit être telle, qu'ils puissent obéir au mouvement oblique suivant lequel les tiges sont susceptibles de se diriger dans leurs fonctions alternatives.

La force motrice s'applique en P, et on conçoit par la seule inspection de la figure, comment le mouvement ascendant d'un piston correspond au mouvement descendant de l'autre.

H H' est un tube de communication destiné à recevoir l'eau élevée dans chacun des corps de pompe; cette eau se trouve ensuite entraînée par le dégorgeoir commun R.

Il résulte de cette disposition que, quand la puissance P agira de bas en haut, l'eau montera dans le corps de pompe correspondant à la tige qui s'appuie en B, tandis que dans l'autre tube le liquide restera stationnaire. Après cela, dès que le mouvement aura changé de direction, le contraire aura lieu, c'est-à-dire que l'eau s'élevera dans le corps de pompe, dont la tige du piston est fixée en A, tandis qu'elle restera stationnaire dans l'autre.

Les clapets de la *fig.* 8 ont été dessinés dans une position qui convient à la puissance quand elle agit de bas en haut.

Par cette installation, on prévient les intermittences que nous avons indiquées, mais on n'obvie pas à celles qui sont dues au temps employé pour changer la direction du mouvement alternativement.

Nous répétons que, quoique l'effet aspirateur de ces pompes soit limité à 10 mètres 40 centimètres (32 pieds), en prolongeant les tiges de pistons de manière que ces derniers agissent en dessous de cette hauteur, on pourra élever l'eau beaucoup plus haut, toutefois en consommant une puissance relative à la pesanteur de la colonne d'eau inférieure et supérieure au piston; car dans l'estimation de la force à appliquer, on doit avoir égard à ces deux quantités qui doivent s'ajouter à celle qu'il est nécessaire de dépenser pour vaincre le frottement du piston.

§ 9. *Pompes aspirantes et foulantes.*

La *fig.* 9 représente une pompe aspirante par en bas, foulante par en haut. Pour obtenir un effet semblable, on bouche hermétiquement l'ouverture supérieure du corps de pompe, de manière cependant à laisser passer la tige du piston. L'ouverture du fond et la tige du piston sont calibrées l'une par l'autre, de manière aussi à ne point donner issue au liquide qui sera dans le cas d'être refoulé contre le fond supérieur; ce fond, en outre, est garni d'un étui, afin que le frottement de la tige ne soit pas borné à sa seule épaisseur.

A F G est un tube d'élévation garni en A d'une soupape, en F d'un réservoir à air. Lorsque l'eau est sollicitée à descendre, la soupape A se ferme par la seule pression du liquide, tandis qu'elle s'ouvre quand la pression de l'eau arrivant du corps de pompe est plus puissante.

Dans le cas représenté par la *fig.* 9, le piston agit de bas en haut; le clapet en O s'ouvre, tandis que le piston P refoule, par le tube A, l'eau qui se trouve en dessus de lui.

Cette eau arrive dans le réservoir R R, comprime l'air contenu dans cette capacité, et quand le ressort de l'air peut faire équilibre à la pression de la colonne liquide du tube d'ascension, si on continue d'agir sur le piston, l'eau s'écoulera par l'extrémité supérieure de ce tube.

L'élasticité de l'air contenu dans la capacité R R est mise à profit pour remplir les moments d'alternative du piston, car on voit bien que quand ce dernier agit de haut en bas, le liquide inférieur du corps de pompe reste stationnaire ; c'est alors que l'air comprimé réagit sur l'eau contenue en R R , et l'oblige à se refouler par G.

Cette pompe, pour fonctionner par aspiration, est subordonnée aux mêmes lois qui régient le jeu des autres pompes dont nous avons déjà parlé. Quant au refoulement, il peut être indéfini, et sera proportionné à la force motrice employée, si on a soin d'éviter les effets de la presse hydraulique, qui ne conviendront que dans le cas où on voudrait la faire servir à un incendie.

Mais l'efficacité du jeu de cette pompe dépend beaucoup de la manière dont la tige du piston est ajustée dans l'ouverture du fond et dans son étui ; la rigueur obligée de cet ajustage donne également lieu à une augmentation considérable de frottement qu'on a cherché à prévoir par l'installation suivante.

Fig. 10, M M , est un corps de pompe dans lequel fonctionne sans soupape le piston B , qui est censé mu par une puissance extérieure. A la partie inférieure de ce corps de pompe est adaptée une soupape D , destinée à s'élever et à s'abaisser dans les moments convenables, c'est-à-dire à s'élever quand le piston remonte, et qu'il est alors nécessaire que l'eau entre dans le corps de pompe ; secondement, à s'abaisser quand ce même piston descend, et qu'elle doit se refouler en A par le tube d'ascension.

Comme l'autre pompe dont nous avons parlé plus haut, le tube de refoulement est muni, en A , d'une soupape, et en R R , d'un réservoir destiné à prévoir les moments d'alternative pendant lesquels l'eau reste stationnaire dans le corps de pompe.

Supposons au piston un mouvement descendant, et que le corps de pompe soit plein d'eau , cette eau sera refoulée par en bas, agira sur la soupape D pour la fermer , et en même temps sur A pour l'ouvrir; ensuite cette eau s'échappera par G, lorsque l'air contenu dans le récipient R R sera suffisamment comprimé.

Cette pompe, malgré l'effet du réservoir, sera encore affectée, comme l'autre, de quelques intermittences; mais elle offre cet avantage appréciable qu'avec le frottement de la tige de moins, le piston n'a pas besoin de soupape pour fonctionner.

Mais les intermittences dont nous venons de parler sont presque entièrement prévues par la réunion de deux systèmes semblables.

§ 10. *Pompe à soufflet.*

Elle se compose d'un corps de pompe, d'un siphon, d'un balancier qui tourne autour d'un point fixé au milieu de sa longueur sur un fort support, et enfin d'une presse hydrostatique.

Cette pompe est d'une telle force, qu'elle peut faire monter par une ascension constante, oblique ou verticale, un volume d'eau de 16 centimètres (5 pouces 11 lignes) de diamètre à la hauteur des édifices les plus élevés, même des montagnes ordinaires, à l'aide d'un soufflet qu'on peut y adapter. Le mécanisme est établi de manière qu'un homme faisant un effort de 50 kilog. (102 livres) sur un piston, fait éprouver à l'eau une pression de 500 kilog. (1,021 livres), et que le balancier produit lui-même une pression de 50,000 kilog. (102,143 livres).

§ 11. *Pompes aspirantes et foulantes pour le service des incendies.*

Fig. 11 et 12, A B et A' B' sont deux corps de pompes

aspirantes et foulantes, semblables à ceux dont nous venons de donner la description ; PP' est la bringuebale commune aux deux tiges T l, T' I'. Ces deux tiges sont établies sur la bringuebale et sur chacun des pistons, par articulations, de manière à pouvoir obéir aux diverses positions obliques qu'elles sont susceptibles d'occuper relativement à chacune des parties correspondantes.

BB sont deux soupapes appliquées sur l'ouverture qui fournit passage à l'eau dans chacun des corps de pompes. SS sont des soupapes semblables, qui servent à livrer également passage au liquide, dans le réservoir à air R, D, ouverture circulaire garnie d'un pas de vis pour recevoir l'écrou de la manche en cuir. O, point d'appui de la bringuebale.

La puissance s'applique en P et P', au moyen de bâtons qu'on enfonce dans les extrémités de la bringuebale.

Dans le cas de la *figure* 11, la force motrice agit comme les flèches ; la capacité A' B' est pleine d'eau, et le piston correspondant tend à s'abaisser et à refouler le liquide par S. Dans ce même moment, l'autre piston remonte, et la capacité correspondante se remplit d'eau par B. On voit ensuite que les soupapes sont ouvertes ou fermées, suivant le mouvement que nous venons de détailler.

Tout ce système s'enferme ordinairement dans une autre capacité, *fig.* 12 et 13, et c'est dans l'intervalle qui les sépare qu'on verse l'eau qui doit alimenter l'appareil. D'ailleurs, les fonds sont garnis d'une surface métallique percée de trous assez petits, tels que des corps étrangers capables d'engager le jeu des pistons ou des soupapes ne puissent s'y introduire.

Le jeu des pompes à incendie repose sur les principes de la presse hydraulique de Pascal, c'est-à-dire qu'on agit sur une grande masse d'eau pour n'en élever qu'une portion. Le même effet pourrait encore avoir lieu en augmentant en vitesse le jeu de la bringuebale : on obtiendrait ainsi ce que l'on ne consommerait pas en force; toutefois, relativement à la dépense de puissance et de vitesse, l'effet serait tout-à-fait équivalent.

§ 12. *Pompe foulante par en bas.*

Fig. 14. A B, corps de pompe ; R, soupape du piston P : ce piston est mis en mouvement par le moyen d'une tige doublement coudée, et qui, après avoir suivi à l'extérieur une direction parallèle au corps de pompe, s'enfonce ensuite par-dessous.

S, soupape fixée au-delà de la course du piston P.

La figure représente le piston dans un mouvement descendant ; la soupape R s'ouvre pour laisser passer le liquide, tandis que S se ferme par l'effet de la pression supérieure : dans ce mouvement l'eau reste stationnaire ; mais quand le piston P remontera, sa soupape se fermera, et S s'ouvrira par la pression de l'eau refoulée par le piston.

L'effet refoulant de cette pompe, tant que la soupape S sera placée en dessous de 10 mètres 40 centimètres (32 pieds) environ, sera indépendant de la pression atmosphérique. On conçoit bien que, dans le cas contraire, c'est-à-dire en supposant S placé à 12 mètres 994 millim. (40 pieds), par exemple, la colonne d'eau ne ferait qu'osciller dans le tube, tantôt en dessus, tantôt en dessous de 10 mètres 40 centimètres (32 pieds).

Cette pompe, comme on le voit déjà, demande de la part du réservoir une profondeur telle que le coude de la tige puisse s'abaisser librement.

§ 13. *Pompe aspirante par en haut, foulante par en bas.*

Fig. 15. A, piston aspirateur ; B, piston refoulant ; C,

soupape : elle peut se supprimer ; **PIU**, bringuebale commune ; **I**, point d'appui.

Les pistons se meuvent toujours en sens inverse ; dans le cas de la figure, **P** agissant de haut en bas, **A** remonte, sa soupape se ferme, élève l'eau supérieure, et même aspire l'inférieure ; tandis que **B** s'abaisse, et la soupape, en s'ouvrant, seconde ce mouvement. Dans le cas où **P**, rendu au bas de sa course, agirait ensuite de bas en haut, **B** refoulerait l'eau, la soupape de **A** s'ouvrirait pour la laisser passer.

Dans tous ces mouvements, la soupape **C** est restée ouverte, puisque l'action était continuelle : ainsi on peut la supprimer sans inconvénient.

Cette machine n'est point affectée d'intermittence, et peut remplacer avantageusement la pompe qui est dessinée *fig.* 8 ; elle peut aussi s'établir horizontalement suivant les localités.

§ 14. *Autre espèce de pompe à double effet.*

Dans la *fig.* 16 on a dessiné une pompe à double effet qu'on applique ordinairement aux condenseurs des machines à vapeur, mais qui pouvant s'adapter à plusieurs autres objets, peut aussi ne pas être indifférente aux industriels.

A, **B** sont deux soupapes destinées à s'ouvrir par l'effet d'une pression extérieure ; **C** en est une troisième qui remplit deux fonctions à la fois.

La machine est censée entourée d'eau, et le tube d'ascension **R** se projeter en dessus dans un niveau du liquide. Dans le cas représenté par la figure, le piston descend ; par conséquent **R** est fermé, **A** est ouvert, et la soupape **C** a une position convenable pour favoriser l'écoulement du liquide par **R**. Dans le mouvement ascendant du piston les trois soupapes changent de position.

§ 15. *Pompe dite royale.*

La *fig.* 17 représente cette pompe ; elle se compose d'un seul tube principal ou corps de pompe dans lequel agissent deux pistons **A B.** A cet effet, le piston **A,** *fig.* 19, est percé de deux ouvertures : l'une sert à y fixer solidement sa tige propre, l'autre à donner passage à celle du piston inférieur.

Les deux pistons sont armés de deux clapets, *fig.* 19 et 20, et leurs deux tiges sont mises en jeu par la pièce **T T'**, dont l'axe du mouvement est en **X.**

Mais, comme dans leurs mouvements alternatifs ces deux tiges ne suivent pas tout-à-fait une direction parallèle, elles ont été fabriquées de manière à porter une articulation en **O O'** ; de plus une pièce **PP'** fixée à l'une des deux tiges sert de coulisse à l'autre, et règle les deux courses.

Il résulte de cette construction que les deux parties inférieures des tiges en dessous de **O O'** peuvent suivre une direction parallèle, tandis que les articulations **O O' T T'** permettront aux autres fractions de tiges de suivre, comme dans la pompe *fig.* 11, le mouvement oblique résultant de la plus ou moins grande inclinaison de la pièce **PP'** ou de celle **T T'**, *fig.* 17.

Le corps de pompe est en outre garni d'une chopine à soupape en **K** ; mais dans les fonctions de cette machine les deux clapets restent continuellement ouverts ; cette pièce n'est utile qu'en ce qu'elle concourt à maintenir la pompe allumée.

Cette pompe est mise en jeu par un châssis composé de plusieurs barres de fer et d'un axe, *fig.* 18, qui d'une part est fixé à carré sur la pièce **T T**, sur les deux autres barres **R R** et **R' R'**, et qui, d'un autre côté, peut osciller en **X** et **X'** sur les deux appuis ou supports **M** et **M'**.

Les hommes destinés à mettre cette pompe en jeu sont placés, soit en dedans, soit en dehors des deux barres F et F', agissant sur elles par un mouvement alternatif, et cette disposition convient parfaitement aux localités des navires auxquels ces pompes sont ordinairement adaptées.

L'ascension de l'eau dans cette pompe est continuelle ; mais nous ne saurions approuver les motifs pour lesquels ces corps de pompes ont été jusqu'à présent resserrés par en bas. Cette défectuosité de construction reproduit les dépenses inutiles de puissances que nous avons signalées, relativement à l'effet de la presse hydraulique, et sont préjudiciables, surtout à bord des bâtiments, où on doit avoir en vue, principalement, d'économiser les forces des matelots.

§ 16. *Pompe aspirante et foulante sans piston.*

Fig. 21. S S', corps de pompe en métal fermé hermétiquement par le fond X Z. Ce fond porte une ouverture telle que le cylindre A M puisse y circuler librement, sans toutefois laisser passage au liquide. Ce cylindre est mis en fonction par une force extérieure qu'on applique en H ; F est le tube nourricier qui plonge dans le liquide qu'on veut élever ; R est le tube éjecteur ; D et E sont des boules métalliques destinées à servir de soupapes. Leur jeu est limité par des excédants de métal, ménagés dans l'intérieur des tubes correspondants.

Dans le cas où le cylindre A M s'élève, il laisse derrière lui un vide qui est obligé de se remplir. A cet effet, la soupape E s'élève, et le liquide arrive par E, tandis que D s'abaisse et bouche le tube éjecteur.

Dans le cas contraire, c'est-à-dire lorsque le cylindre A M s'abaisse, le tube S S' est plein, et le trop plein s'écoule alors par E en pressant, d'une part, la soupape E de manière à boucher le tube nourricier, et de l'autre la soupape D de manière à déboucher le tube éjecteur R.

Cette pompe, dont toutes les parties sont en métal, s'applique ordinairement aux machines à vapeur ; elle sert à alimenter la chaudière ou le condenseur.

§ 17. *Pompe de J. Perkins.*

Cette pompe est foulante et aspirante ; elle est destinée à élever l'eau des puits, aux incendies, aux vaisseaux. Les principes sur lesquels est fondée la construction de cette pompe sont connus ; ce serait une fastidieuse répétition que de les reproduire ici. Mais J. Perkins a fait des modifications heureuses : il a augmenté la capacité du fond des corps de pompe, construits sur la forme sphérique, ce qui fait que le sable et le gravier mêlés à l'eau retombent de leur propre poids, et empêchent ainsi l'engorgement des tuyaux et le jeu des soupapes.

§ 18. *Pompe aspirante et foulante par en haut et par en bas, et à un seul tube.*

Fig. 70. M M' est un corps de pompe dans lequel circule de haut en bas et de bas en haut le piston dont B P est la tige ; C et D sont des boîtes destinées à contenir deux soupapes chacune.

Dans chaque boîte une de ces soupapes sert au tube d'aspiration, tandis que l'autre sert au tube de refoulement.

R est le tube de refoulement, S le tube d'aspiration ; un tube coudé et latéral part de chacune des deux boîtes, et va rejoindre l'un et l'autre tube en dehors des boîtes à étoupes.

Dans le cas de la figure, on suppose que la puissance agit de bas en haut, comme l'indique la flèche. Le tube S est également supposé plonger dans un puits. Alors l'eau s'introduit par S, en soulevant la soupape qui est en dessous de C, tandis que la soupape du tube latéral T, qui est placée en dessous de D, s'applique contre l'ouverture sous-jacente ; elle empêche ainsi l'air de se faire issue par C dans le corps de pompe, ou bien encore l'eau, si l'appareil est déjà plein d'eau ; cette eau reste suspendue dans le tube T, sans gêner en rien l'ascension de la colonne d'eau aspirée par S.

Dans le mouvement descendant du piston, toutes les soupapes changent de position ; celles qui étaient ouvertes se ferment ; celles qui étaient fermées s'ouvrent. L'eau qui est en A se refoule par la soupape supérieure en dessus de C ; la soupape inférieure se bouche par la même pression.

Relativement à ce qui se passe en dessus du piston, l'eau est aspirée par le tube T, et les deux soupapes en D ont pris une position inverse à celle qui est marquée dans la figure, et qui ne convient qu'au mouvement précédent, c'est-à-dire de bas en haut. Il suffit donc d'appliquer un mouvement alternatif à la tige du piston pour obtenir une ascension continuelle d'eau, limitée à 10 mètres 40 centim. (32 pieds) quant à l'aspiration, et quant au refoulement proportionné à la force motrice employée.

Les clapets se remplacent aussi par des sphères creuses qui remplissent le même objet. Alors, comme dans le bélier hydraulique, leur place et leur chemin se trouvent réglés par des muselières semblables à celles qui sont relatives à cette dernière machine.

Lorsque le tube de refoulement R est très-élevé, on adapte dans l'intérieur du tube plusieurs soupapes, afin que l'effort général ne soit pas supporté par une seule à la fois.

§ 19. *Calculs approximatifs pour la construction d'une pompe destinée à alimenter un bassin.*

Capacité du bassin,
{ base carrée, 5 mètres (15 pieds 4 pouces 8 lignes) de côté.
hauteur, 2 mètres (6 pieds 1 pouce 10 lignes).

Nombre de mètres cubes contenus dans le bassin, 50 mètres (1,458 pieds 1,200 pouces cubes).

Poids de l'eau, 50,000 kilogrammes (102,143 livres).

Hauteur à partir du niveau de la source, 2 mètres (6 pieds 1 pouce 10 lignes).

Poids effectif à 2 mètres (6 pieds 1 pouce 10 lignes) de hauteur, 100,000 kilogrammes (204,287 livres).

Temps donné pendant lequel le bassin doit se remplir, 50 minutes.

Nombre de pulsations du piston en une minute, 50.

Course du piston, 1 mètre (3 pieds 11 lignes).

Poids d'eau relatif à chaque course, 67 kilog. (137 livres).

Ou nombre de décimètres cubes, 67 (1 pied 1649 pouces cubes).

Un cinquième en sus pour les frottements des tubes de conduits, 81 kilogrammes (165 livres 7 onces).

Diamètre du piston un peu forcé, 33 centimètres (1 pied 3 lignes).

On compare rigoureusement le produit de deux fontaines en tenant compte de l'effet dynamique dont elles sont capables dans un temps donné, c'est-à-dire la quantité d'unités dynamiques qu'elles sont susceptibles de donner dans un espace de temps déterminé.

On entend par grandes unités dynamiques, un nombre quelconque de mètres cubes (1,000 kilogrammes) élevés à la hauteur d'un mètre (3 pieds 11 lignes); les petites unités sont la millième partie des grandes, c'est-à-dire égales à 1 kilog. (2 livres 5 gros) élevé à la hauteur d'un mètre (5 pieds 11 lignes).

En supposant donc qu'une fontaine ait élevé en 50 heures, à la hauteur de 20 mètres (61 pieds 6 pouces 9 lignes), une quantité d'eau égale à 400 mètres cubes (54 toises 5 pieds $\frac{1}{2}$ cubes), à 1 mètre (5 pieds 11 lignes) de hauteur ; ce produit eût été égal à 8,000 mètres cubes (1080 toises 108 pieds cubes), et pendant une heure à 266 mètres cubes (55 toises 200 pieds 428 pouces cubes) ou unités dynamiques.

§ 20. *Pompes à chapelets.*

On connaît plusieurs espèces de pompes à chapelets; mais celle dont on fait le plus souvent usage a été dessinée *fig.* 45 ; elle se compose d'abord d'un système de roues à chevilles formant une espèce de lanterne, d'un axe en B, d'une ou de plusieurs manivelles coudées attenantes à cet axe, quelquefois aussi d'un volant. Les chevilles de cette lanterne, devant servir pour ainsi dire d'engrenage, doivent être également espacées.

O M est un tube ou corps de pompe cylindrique qui, par une extrémité, plonge dans l'eau qu'on veut élever, tandis que l'autre correspond, un peu en dessous de la roue, à un canal ou ruisseau qui conduit les eaux élevées à leur destination.

A A A, A'A'A' est un chapelet en chaîne fabriquée à peu près comme les chaînes de montres, par bandes rivées ; mais elle porte de plus, de distance en distance, des excédants de métal, tels que S S S, qui saillissent en dehors de manière à pouvoir engréner, chacun à leur tour, avec les chevilles de la roue. Ils sont également espacés comme les chevilles de la lanterne.

Ce chapelet porte en outre des espèces de rondelles, telles que A A, A'A', qui sont composées de plusieurs lames de cuir épais, superposées et serrées entre deux autres rondelles en métal, mais qui sont d'un diamètre plus petit.

Ces rondelles de cuir sont taillées de manière à pouvoir circuler à frottement dans le corps de pompe MO.

Il résulte de cette construction, qu'en faisant tourner la roue dans le sens convenable, c'est-à-dire dans celui de la flèche dessinée en dessus, le liquide sera aspiré par chaque rondelle arrivant à son tour à l'orifice O, et que de plus ce liquide sera ensuite refoulé par les mêmes rondelles; car chacune d'elles, en montant, fait le vide, ou emporte avec elle l'eau, qui prend son niveau dans le tube plongé.

Ces machines sont employées principalement dans les arsenaux de la marine : elles lancent une grande quantité d'eau; mais malheureusement elles demandent des réparations fréquentes et coûteuses.

D'abord la grande force qu'éprouvent les maillons des chaînes les allonge, et il arrive qu'au bout d'un certain temps d'usage elles engrènent mal ou elles n'engrènent pas du tout.

Ensuite ces mêmes maillons se polissent, glissent sur les chevilles, et il arrive de ces deux accidents réunis que, sans produire d'effet, la roue tourne quelquefois en glissant sous la chaîne, ou si elle parvient à l'arrêter ce n'est qu'en produisant une forte secousse, dont l'inconvénient le plus ordinaire est de casser les maillons qui la supportent.

Dans quelques endroits on a renversé le problème sans en détruire les inconvénients, c'est-à-dire qu'au lieu de fabriquer la chaîne telle que la nôtre, avec des aspérités, elle a été façonnée à maillons creux, destinés à s'arrêter sur chacune des aspérités qu'on a adaptées à la roue à la place des chevilles.

Cette installation donnait lieu aux mêmes accidents ; toutefois, on continue encore à s'en servir pour vider les bassins de nos ports de guerre.

§ 21. *Vis d'Archimède.*

La vis inventée par Archimède est principalement mise en usage dans la Hollande ; elle sert aux grands épuisements, et les effets qu'elle produit, relativement à la dépense de force, sont supérieurs à ceux de toutes les autres machines connues ; car le bélier hydraulique, une de nos meilleures machines, produit les 0,67 de la force employée ; la vis d'Archimède en fournit les 0,74.

La vis d'Archimède, *fig.* 46, se compose de plusieurs filets enveloppés en hélice autour d'un axe principal, tel que AX, et recouverts d'une enveloppe en planches, liées comme on lie ordinairement celles des tonneaux, c'est-à-dire par des cercles en fer, de manière à ce que l'air extérieur ne puisse se faire issue dans l'intérieur des filets ; l'axe de la machine est supporté par deux points d'appui ; il porte aussi à une de ses extrémités une manivelle AP, destinée à recevoir la force motrice ou un système de communication qui lui imprime la puissance du courant d'eau dont elle doit elle-même en élever une portion.

L'axe de la vis doit former, avec l'horizon, un angle que le calcul détermine, et qui dépend évidemment de l'angle que forment les tangentes des hélices avec le plan de l'horizon. Encore faudrait-il que ces tangentes ne fussent pas celles de la rencontre extérieure des hélices avec leur enveloppe cylindrique, mais à peu près celle de la section comprise entre le contact de leur tranche intérieure avec l'axe, et celui de leur tranche extérieure avec l'enveloppe. (Voyez le *Traité des Machines*, de M. Hatchette.)

Supposons que la vis ait l'inclinaison voulue, que son extrémité supérieure plonge dans l'eau, et qu'elle soit animée d'un mouvement de rotation convenable, c'est-à-dire d'un mouvement qu'on peut supposer semblable à celui d'une vis qu'on enfonce dans son écrou, en supposant qu'il fût oblique. Alors la portion XYH du liquide sera sollicitée à monter en vertu de sa gravité, tandis qu'elle sera sollicitée à se reproduire par la même raison.

Cet effet est tout-à-fait indépendant de la pression atmosphérique ; et si on substitue à l'eau des balles de plomb, qu'on les place dans l'intérieur des hélices, c'est-à-dire de l'espace hélicoïde qu'elles forment entre elles, et qu'ensuite on anime la machine du même mouvement de rotation, ces balles monteront comme l'eau d'abord (1).

(1) On a voulu attribuer les phénomènes météorologiques connus sous le nom de *trombes*, et particulièrement les trombes marines, à des effets semblables à ceux de la vis d'Archimède ; mais nous pensons que cela n'est pas ; et en voici les raisons :

D'abord, passé un certain angle, la vis d'Archimède n'élève plus l'eau ; cet angle est subordonné à l'inclinaison du plan des hélices avec celui de l'horizon ; ensuite, suivant que la direction des plans des hélices se rapprochera davantage du plan perpendiculaire à l'axe, la position de la vis pourra bien se rapprocher de la verticale, mais enfin il y aura une limite d'inclinaison, nécessaire pour que le système constitue une hélicoïde quelconque, capable d'agir sur l'eau.

Or, la plupart des trombes de mer, que nous avons l'occasion d'observer très-souvent, se présentent à l'œil sous la forme de deux cônes renversés, dont les deux bases sont attenantes, l'une aux nuages supérieurs, l'autre au niveau de la mer ; elles se réunissent ensuite entre elles, en formant un filet plus ou moins allongé, qui a bien quelquefois une forme hélicoïde, mais cette hélicoïde n'est évidemment due qu'aux oscillations de l'atmosphère ambiante. Ce filet est droit lorsque l'air n'est pas agité, et le phénomène ne dure pas lorsque le vent souffle avec force.

Les moments de calme sont les plus favorables à la formation des trombes, et les plus légers accidents suffisent pour les rompre et les dissiper entièrement. Un boulet de canon, tiré dedans ou à côté d'une trombe, suffit pour la faire crever, et cet effet est moins dû au choc du boulet, qu'à la vibration des ondes sonores de l'air, qui se commu-

L'extrémité de la vis en **A** correspond ordinairement à un bassin sous-jacent, destiné à recevoir l'eau.

nique avec une rapidité prodigieuse. Nous avons eu l'occasion de nous assurer de ce que nous avançons ici.

La formation des trombes de mer correspond toujours à un abaissement marqué du mercure dans le baromètre; elle dépend probablement de l'électricité contenue dans les nuages.

On voit d'abord le nuage s'allonger du côté de la mer, d'une manière très-irrégulière, ensuite prendre une forme conoïdale; et, même avant que le sommet du cône ou du filet inférieur qui le termine soit adhérent avec l'horizon, l'eau de la mer s'élève sous la même forme, et finit par se réunir avec le filet supérieur.

Nous n'en avons jamais reçu à bord; mais je tiens d'un officier de marine embarqué sur le navire de guerre *la Torche*, qu'ayant été assailli par un météore semblable, il eut la curiosité de goûter l'eau, dont ils reçurent un assez grand volume de l'arrière; cette eau n'avait nullement la saveur de l'eau de mer.

Dans ce cas, l'eau de la mer ascendante avait-elle eu le temps d'abandonner le sel qu'elle tient en dissolution, ou le résultat de cette chute d'eau était-il dû à celle qui est descendue du nuage? L'eau de la mer était-elle soulevée, ou cette trombe était-elle le résultat d'une grande chute d'eau suspendue dans l'atmosphère?

L'expérience de Brisson prouve que l'électricité peut jouer un grand rôle dans ce phénomène; mais pourquoi, à côté de ceux que nous avons observés, et nous en avons compté quelquefois plus de vingt à l'entour du navire, n'avons-nous vu aucun de ces signes ordinaires qui prouvent que les nuages ou l'atmosphère sont fortement électrisés, tels que les coups de tonnerre, éclairs, etc? Probablement que les mêmes causes qui s'opposent au développement de l'électricité, sous de pareils aspects, se réunissent pour concourir entièrement à la formation des trombes.

A terre, ces phénomènes sont accompagnés d'éclairs, de tonnerre et de vents impétueux; mais la plupart de ceux dont nous avons été témoins à la mer ne présentent pas les mêmes effets relativement à la foudre. Quant aux vents, nous en avons bien vu pendant de grands vents, mais bien rarement, et alors ils ne duraient pas.

A la mer, ces phénomènes correspondent à un abaissement de mercure dans le tube barométrique, à un temps très-couvert et à une instabilité de la part du vent, qui alors change souvent de direction.

Dans la vis d'Archimède, le liquide n'étant poussé par aucun frottement de piston ou autre que celui qui est dû à sa pesanteur, et qui se distribue sur les deux tourillons, le frottement de deux tourillons étant celui qui entraîne le moins de dépense de force motrice, et de plus cette machine étant tout-à-fait à l'abri des effets de la presse hydraulique, nous pensons qu'elle peut servir de type ou de terme de comparaison pour toutes les autres machines appliquées à l'élévation des eaux.

§ 22. *Du Bélier hydraulique.*

Le principe sur lequel repose l'effet du bélier hydraulique est qu'un liquide arrêté d'abord dans un tube quelconque, et dont l'écoulement est rendu libre ensuite, n'acquiert toute sa vitesse qu'après un certain espace de temps.

L'inverse a pareillement lieu, c'est-à-dire que si on arrête spontanément dans un tube l'écoulement d'un liquide quelconque, le moment d'arrêt ne sera pas instantané dans toute la masse du liquide contenu dans les tubes ; mais il faudra pour cela un certain intervalle de temps qui, de même que pour l'autre cas, sera relatif à la longueur des tubes, et aussi à la quantité de liquide contenu.

L'élasticité de la matière et du métal des tubes favorise beaucoup ces réactions du liquide ; mais, dans le bélier hydraulique, ou a su en augmenter encore l'effet par des réservoirs d'air ménagés à dessein.

Fig. 51. BTF est un tube auquel on donne communément le nom de *corps de bélier ;* il reçoit par B le courant de l'eau dont on veut élever une portion. Ce tube porte deux ouvertures, une en F qui communique à l'air libre, l'autre en S' qui communique avec le réservoir à air KK. Ces deux ouvertures sont calibrées, rodées, et même garnies de cuir, afin de pouvoir recevoir exactement les deux sphères creuses et métalliques S et S'.

Ces deux sphères ou soupapes, qui ne doivent pas être plus pesantes que deux fois leur déplacement d'eau, sont en outre limitées dans leur jeu par des muselières placées en dessous et en dessus de l'une et l'autre ouverture.

La capacité KK est liée avec le corps du bélier de manière à laisser libre un autre réservoir à air OO, de l'élasticité duquel on doit profiter.

Maintenant, voici comment s'opère le jeu de cette machine, dont l'invention est due à Montgolfier :

L'eau de la source arrive par B, et acquiert, en s'écoulant par E, une vitesse relative à la hauteur de son niveau ; avant cette opération, les deux boules S' et S, en vertu de leur pesanteur, s'appliquaient, l'une S' contre son ouverture sous-jacente, l'autre S en dedans de sa muselière.

Mais l'eau, en s'écoulant par F, finit par acquérir toute sa vitesse ; alors la soupape S est entraînée à se soulever, et s'applique avec force contre l'ouverture en F. La colonne liquide réagit sur les tubes du corps du bélier, sur l'air contenu en OO ; et lorsque cet air est suffisamment comprimé, la soupape S' se soulève, et laisse entrer une portion d'eau dans la capacité KK. L'air de cette seconde capacité se trouve aussi comprimé. Ensuite l'eau ayant repris son état d'inertie, les deux soupapes retombent dans leurs places respectives, l'air comprimé dans l'espace KK se dilate, et l'eau monte dans le tube d'ascension A.

Alors l'écoulement du liquide recommence, et donne lieu aux mêmes phénomènes.

L'air contenu dans les capacités KK et OO se consomme assez promptement ; pour l'entretenir, on établit en R une soupape qui ouvre de dehors en dedans. Alors, à chaque descente de la soupape S, cet espace s'alimente d'air, et en fournit même à l'autre capacité KK.

La partie BTF s'appelle corps du bélier.

A, tuyau d'ascension.

RT, tête du bélier.

S, soupape d'arrêt.

S', soupape d'ascension.

M. Hatchette considère le bélier hydraulique comme une de nos meilleures machines, relativement aux effets produits, à la dépense de construction et à la commodité d'installation; mais son produit de 0,67 de la force employée, s'il est supérieur à celui de toutes nos autres machines hydrauliques, est encore inférieur à celui de la vis d'Archimède, qui est de 0,74.

Le bélier hydraulique de Montgolfier a reçu ce nom de bélier eu égard aux secousses énormes produites par le choc des boulets creux contre les orifices qu'ils bouchent dans les temps convenables. Ces secousses produisent probablement dans cette machine le même effet que dans toutes les mécaniques employées dans les arts et métiers, c'est-à-dire une grande destruction de force motrice.

Ces secousses sont-elles nécessaires au jeu du bélier pour obtenir une prompte réaction de la part du liquide, ou n'y aurait-il pas une moyenne telle qu'une bonne portion de ces secousses fût détruite avec utilité dans l'effet?

Ensuite, dans la fabrication du bélier hydraulique, a-t-on bien observé tous les effets qui se rapportent à la presse hydraulique de Pascal?

Par exemple, l'ouverture que bouche la soupape S' n'est-elle pas trop petite? Pourquoi n'est-elle pas du même diamètre que celui de la colonne liquide animée? Et cette soupape, n'éprouvant qu'une portion de pression, relative à la superficie exposée à l'action du liquide, l'écoulement n'y est-il nécessairement pas proportionné?

Et si ces causes de perte de puissance étaient prévues, le bélier hydraulique ne fournirait-il pas des résultats qui tendraient à se rapprocher de celui de la vis d'Archimède?

§ 23. *Tonneau hydraulique.*

M. Launay ayant inventé une machine appelée tonneau hydraulique, M. Francœur, au nom du Comité des Arts mécaniques, fut chargé de faire un rapport sur cette machine et celle de M. Gailard (la pompe à incendie perfectionnée). Voici comment il l'apprécie.

« En faisant l'éloge de la pompe de M. Gailard, j'ai fait en même temps celui du tonneau hydraulique. Ces deux machines sont construites sur les mêmes principes et capables des mêmes résultats. En effet, ce tonneau n'est autre chose qu'une pompe à incendie ordinaire, placée dans l'intérieur d'un gros muid, cerclé en fer, semblable à ceux qui servent à porter l'eau. Le réservoir d'air est placé au milieu ; l'un des corps de pompe est à l'avant ; l'autre à l'arrière du tonneau. La bascule s'étend en long et trouve son appui au-dessus du réservoir ; les hommes manœuvrent aux deux bouts, et un mécanisme simple oblige les pistons à demeurer verticaux.

» Voici les avantages qu'on trouve à ce système : le tonneau doit demeurer constamment plein d'eau ; la voiture qui le porte doit être sans cesse en mesure de partir avec ses agrès, qui sont dans une bâche en osier, attachée sous la voiture. Un incendie vient-il à se déclarer, on attèle de suite un cheval, le prompt secours permet de penser que fréquemment le feu n'aura pas fait assez de progrès pour qu'il ne soit pas facile de l'arrêter. Le tonneau contient assez d'eau pour produire cet effet désiré.

» Pendant qu'on dépense cette réserve de précaution, la chaîne s'organise, l'eau abonde pour remplacer celle employée, et de grands malheurs peuvent être évités ou réparés.

» Ce tonneau peut surtout être d'une grande utilité pour la campagne où l'on a tant de peine à organiser promptement un service de secours ; il vaut encore mieux que les charriots à pompes, parce que ceux-ci ne transportent pas l'eau. Comme, en général, les chevaux de trait ne manquent pas, on pourrait adapter aux deux bouts du tonneau hydraulique deux sièges pour les pompiers, et l'on aurait l'avantage d'une plus grande promptitude dans les secours. »

CHAPITRE III.

POMPES CIRCULAIRES.

Les pompes mues par l'effet d'une manivelle coudée, dont le mouvement circulaire se réduit ensuite en mouvement rectiligne et alternatif, tel qu'il convient à ces machines, dépensent une grande somme de puissance en pure perte, soit par l'inclinaison des leviers qui, dans plusieurs positions, ne communiquent pas directement la puissance, soit encore par l'effet des volants destinés à égaliser les forces appliquées, mais tout-à-fait impropres à produire une augmentation de puissance quelconque. D'autres causes, attachées à ces complications de mécanisme, d'ailleurs toujours coûteuses, tendent encore à diviser la force motrice sans effet utile.

Pour prévenir ces pertes, on a cherché depuis bien longtemps à obtenir l'ascension de l'eau par des mécanismes où le mouvement circulaire le plus favorable d'ailleurs, quant à l'application de la force motrice, fût adapté immédiatement à la poussée du liquide, de telle sorte que les moments d'intermittence ou d'alternative communs aux pompes ordinaires fussent entièrement détruits.

On trouve dans un ancien ouvrage intitulé *Description du Cabinet de M. de Servières*, le dessin d'une pompe circulaire que nous avons reproduit sous la *fig*. 47. A, B sont deux pignons dentés qui engrènent l'un avec l'autre, et qui sont destinés à circuler dans une boîte convenablement façonnée, pour que les extrémités des dents frottent contre les parois de cette boîte après qu'elles ont quitté l'engrenage. Cette boîte est fermée par deux fonds, contre la surface plane intérieure desquels les deux faces de chaque pignon doivent aussi frotter. Les axes traversent ces fonds, et on conçoit qu'il suffit d'appliquer un mouvement circulaire quelconque à l'un des deux pignons pour que l'autre s'anime d'un mouvement contraire.

Ainsi, en supposant que la puissance soit appliquée au pignon A, et dans un sens convenable, c'est-à-dire suivant la direction indiquée par la flèche F, le second pignon sera sollicité à se mouvoir suivant la direction de l'autre flèche.

Supposons en outre que la boîte soit déjà pleine d'eau, alors chaque aile du pignon emportera avec elle une portion de l'eau contenue dans l'espace C, et les intervalles DDD et D'D'D' se maintiendront pleins d'eau. L'espace supérieur E tendra donc à se remplir davantage, tandis que C, au contraire, tendra à se vider. Dans le premier cas l'eau sera refoulée par le tube supérieur; dans le second, elle sera aspirée par le tube inférieur. Ce dernier tube porte en outre un clapet qui maintient le plein de la machine lorsqu'elle n'est pas en action.

On conçoit quelle difficulté de construction il faut vaincre pour fabriquer un mécanisme semblable, dont les frottements soient constants, et tels qu'il les faut pour obtenir l'aspiration de l'eau par le tube inférieur, et son refoulement par le tube supérieur. Aussi, cette machine ne remplissait bien ses fonctions que quand la boîte entière se trouvait plongée dans l'eau, et cette circonstance en limita l'emploi à quelques cas particuliers et peu fréquents.

§ 1ᵉʳ. *Système de Bramah.*

Un mécanicien anglais, Bramah, modifia le mécanisme
dont nous venons de parler, de la manière suivante, *fig.* 47
bis. A et B sont deux noyaux ou cylindres garnis, sur leur
contour, de quatre ailes, et ensuite de quatre noyures destinées à recevoir les ailes correspondantes de chaque noyau.
Ces deux cylindres sont tangents l'un à l'autre, et les extrémités des ailes, qui peuvent supporter des garnitures de
cuir, frottent alternativement contre les parois intérieures
de la boîte; comme dans le mécanisme précédent, les joues
des deux noyaux doivent toucher les fonds de fermeture;
mais le mouvement et la puissance se communiquent de
l'un à l'autre noyau par un engrenage extérieur qui se compose seulement de deux roues dentées, égales en diamètre,
d'un même nombre de dents et fixées sur chacun des axes
des deux noyaux. Il résulte de ce mécanisme extérieur,
qu'il suffit d'agir sur un des axes, pour que l'autre se trouve
entraîné dans un sens contraire; et, comme les roues dentées
extérieures ont un même nombre de dents, les ailes des
noyaux et les noyures se retrouveront constamment, les unes
relativement aux autres, dans la même position.

Les fonctions de cette machine sont semblables à celles de
la première, c'est-à-dire que l'espace C, tendant à se vider,
l'eau se reproduira par le tube inférieur, tandis que l'espace
E recevant continuellement l'eau contenue dans les intervalles DDD, D'D'D', ce liquide sera sollicité à se refouler
par le tube supérieur.

§ 2. *Pompe à vanne.*

La pompe dessinée dans la *fig.* 48 n'est pas entièrement
circulaire; V est une vanne fixée à l'axe X, et qui est des-

tinée à se mouvoir avec lui jusqu'à la rencontre des deux cloisons, dont P et P' sont les soupapes. Ces deux cloisons comprennent entre elles un espace qui communique directement avec le tube d'aspiration A, et ensuite les soupapes S, S' sont adaptées aux deux portions des tubes R R' qui se réunissent ensuite en un seul R, qui est le tube de refoulement.

Supposons la boîte qui contient les vannes et les deux cloisons pleine d'eau, supposons aussi que l'axe soit animé d'un mouvement dirigé suivant la flèche, alors l'eau sera refoulée par S en R; la soupape P sera fermée, tandis que de l'autre côté de la vanne l'eau se reproduira par P', c'est-à-dire par A. Lorsque la vanne sera rendue contre P, elle agira dans un sens contraire, et les soupapes fermées d'abord, s'ouvriront ensuite, tandis que les autres se fermeront : l'eau continuera à monter, et les seules intermittences qu'il y aura seront dues au temps nécessaire pour changer la direction du mouvement.

Cette machine et celles que nous décrirons plus bas, ne doivent pas être placées en dessus des limites d'aspiration, c'est-à-dire en dessus de 10 mètres 40 centimètres (32 pieds), à partir du niveau de l'eau ; il devient même nécessaire de les baisser bien en dessous de cette hauteur, vu que les ajustements des soupapes et de la vanne ne sauraient être aussi parfaits, et par conséquent fournir des fonctions aussi rigoureuses que celles des pistons et des soupapes des pompes à tubes rectilignes.

§ 3. *Pompe à mouvement de rotation.*

Mais en cherchant à inventer une machine à mouvement de rotation immédiat, on avait principalement en vue de détruire les moments d'alternative, et d'obtenir un jet d'eau continu ou constant ; alors on essaya le mécanisme de la *fig.* 49 : il se compose d'une boîte cylindrique en métal, dans laquelle se meut circulairement un noyau en forme de trèfle, qui est traversé par un axe ; cet axe passe par le milieu de chaque fond de fermeture, se projette ensuite au dehors, et c'est à son carré qu'on applique ensuite la puissance motrice.

Ce noyau doit circuler avec frottement dans la boîte. Enfin deux tubes, A et R, l'un d'aspiration, l'autre de refoulement, sont adaptés à la boîte dans une position semblable à celle qu'indique la figure ; ils communiquent avec sa capacité intérieure.

On conçoit bien que quand même on munirait de soupapes les deux tubes dont nous venons de parler, on aurait beau tourner l'axe avec rapidité, et par conséquent le noyau, aucune puissance ne solliciterait l'eau à monter dans l'intérieur des tubes ; mais si on interpose une cloison C, de manière à séparer la communication des deux tubes, et de telle façon qu'en glissant sur le plan incliné que chaque aile du noyau présente, elle puisse s'élever et s'abaisser à propos pour le laisser passer, il arrivera que l'eau rencontrant un obstacle (la cloison C) dans sa course, sera poussée par en haut, et obligée de se reproduire par le bas ; car pour l'eau, comme nous l'avons dit tout-à-l'heure, et en supposant la machine parfaite, le vide ne saurait s'établir dans la capacité de la boîte, si cette dernière est située en dessous de 10 mètres 40 centim. (32 pieds).

Pour obtenir quelques résultats passables, cette espèce de pompe demande des conditions de fabrication qui ne s'accordent point avec un long usage ; il faut que la cloison interposée soit tellement ajustée, que l'eau poussée contre elle ne puisse passer outre ; il résulte de là un frottement qui s'augmente encore du poids nécessaire de cette cloison, ou du frottement d'un ressort équivalent.

Ensuite les frottements nécessaires des faces, du noyau et des ailes, contre chacune des parois intérieures de la boîte, dépensent une grande portion de la force motrice ; ils sont d'ailleurs trop considérables pour rester constants, et rendent raison du peu d'application qu'a reçu cette machine.

La plupart des pompes à mouvement de rotation continu, dans les pièces qui composent leur mécanisme, ne sauraient supporter des garnitures en cuir. Leur fabrication en métal devient favorable, aux dilatations près, lorsque ces machines sont adaptées à des eaux chaudes, mais les progrès de l'usure produite par des frottements de métaux contre métaux, sont tels, qu'elles ne résistent pas à un long usage, surtout lorsqu'elles sont dans le cas d'aspirer des eaux mêlées de sable, et cela dans les grandes limites d'aspiration, c'est-à-dire aux environs de 10 mètres 40 centim. (32 pieds). Ensuite, ces machines étant ordinairement fabriquées en cuivre jaune ou laiton, cette matière, lorsqu'elle est un peu chauffée, est douée de la singulière propriété de ne fournir qu'un frottement très-dur et raboteux, dont le moindre inconvénient est de dépenser une grande somme de puissance.

Cependant, comme il importe aux industriels et aux habitants des campagnes, de connaître les moyens les plus favorables à élever les eaux ; aux navigateurs, les procédés les plus capables de soustraire l'eau que mille accidents imprévus peuvent accumuler spontanément dans la cale des navires ; que d'ailleurs, malgré les défauts dont nous venons de parler, la suite peut faire découvrir des moyens de correction qui utilisent l'usage des pompes circulaires, on nous saura peut être gré d'attirer l'attention sur ce nouveau genre de machines.

§ 4. *Pompe Stoltz.*

La *fig.* 50 représente une partie du mécanisme d'une pompe

circulaire dont on a détaché les deux fonds de fermeture. La boîte principale **DNE** est circulaire, mais on a fixé dans sa capacité intérieure, d'abord une lame courbe en métal **DFHIGE**, qui est aussi épaisse que la boîte, et dont une des tranches se trouve adaptée d'une manière solide à un des fonds fixes de la boîte, tandis que l'autre tranche s'appuie contre l'autre fond quand la boîte est fermée.

Cette courbé, qui s'avance d'une certaine quantité vers l'axe **X**, c'est-à-dire vers le centre de la boîte, s'appuie aussi sur un prolongement de métal établi en **C**, et qui sert de cloison; elle est percée de plusieurs ouvertures en **F, H, I, G**, destinées à conduire l'eau dans les tubes correspondants **A** et **B**.

Cette courbe et la paroi supérieure et circulaire de la boîte principale forment entr'elles une espèce d'ellipse irrégulière, dont l'axe n'occupe plus le centre.

Une autre courbe **KLMZ**, est adaptée au fond fixe, et est parallèle avec l'ellipse dont nous venons de parler. On l'appelle courbe directrice.

Les pièces dont nous venons de donner la description sont toutes immuables avec le corps principal de la boîte.

La *fig.* 51 représente une autre pièce qui entre dans le mécanisme de cette pompe. C'est une espèce de couvercle, fendu en quatre endroits, et qui a la forme de ceux qui servent ordinairement à fermer les tabatières; circulaire comme elles, il est aussi muni d'un fond et d'un rebord, ou d'une paroi qui s'étend plus ou moins; il est fixé à l'axe de rotation et tourne avec lui.

Supposons maintenant cette pièce renversée sur le système représenté *fig.* 50, de manière à ce que l'axe passe en **X**; que dans les échancrures on place des palettes mobiles, et dont les dimensions soient telles, qu'elles puissent circuler avec un frottement doux entre les deux courbes parallèles et entre les deux fonds de fermeture ; alors, si on tourne l'axe, les palettes seront sollicitées à parcourir l'intervalle qui sépare les deux courbes, tantôt en s'éloignant du centre X , tantôt en s'en rapprochant d'une certaine quantité.

La *fig.* 52, dégagée de la courbe D H I E et des tubes A et B, représente une section du système par un plan suivant D E, *fig.* 53. R V se rapporte à la *fig.* 51 ; K M à la courbe directrice K L M Z , *fig.* 50.

Or, le noyau R V , *fig.* 53 , se trouve en contact avec la cloison C ; donc, en tournant l'axe, c'est-à-dire ce même noyau, chaque palette passera à son tour au point de contact.

Maintenant, supposons la boîte fermée et pleine d'eau, que le tube A plonge dans un réservoir, et qu'on fasse mouvoir l'axe de la machine, suivant RYV, *fig.* 53, alors l'eau contenue en O sera poussée, dans le même sens, par la palette Y ; celle qui est contenue en Q, par la palette R ; et ces masses d'eau ne pouvant dépasser le point de contact, suivront la direction de la flèche pour se refouler par B. Ensuite le vide ne pouvant subsister dans l'intérieur de la boîte, si elle est placée en dessous de 10 mètres 40 centim. (52 pieds), cette même eau sera obligée de se reproduire par A ; il en résultera ainsi une aspiration et un refoulement continu qui ne sera affecté d'aucune de ces alternatives communes aux pompes ordinaires.

On peut ensuite ajouter immédiatement à l'axe de la pompe un volant, qui, on le sait bien, n'augmente pas la puissance motrice, mais qui, s'il tend à la diminuer insensiblement, jouit aussi de l'avantage d'en régulariser l'effet.

Malgré l'application d'un point d'appui à ressort destiné à prévoir l'usure du point de contact en C , malgré celui qui a été adapté à la courbe KLM, *fig.* 50, ces machines, relativement à l'usure du métal contre métal, présentent quelques inconvénients qui en retardent l'adoption.

Si les palettes seules s'usaient, une dépense minime suffirait à leur remplacement ; mais cet accident est moins à
craindre que celui qui est la conséquence de l'usure des deux
courbes dont le parallélisme est nécessaire ; de cette usure iné-
gale il résulte que des palettes neuves ne sauraient convenir
dans toutes les positions, car, frottant avec difficulté dans quelques cas, elles pourraient être aussi trop libres dans d'autres.

La plupart des défauts que nous venons de signaler cessent
presque entièrement lorsque ces machines sont placées à
une distance médiocre de l'eau qu'on veut puiser ; mais la
quantité d'eau qu'elles peuvent fournir relativement à la
force employée, est bien supérieure à celles de toutes les
machines connues.

Ensuite, depuis que nous avons examiné ces pompes, elles
ont supporté, de la part du mécanicien qui les fabrique (1),
des modifications qui, sans doute, ne peuvent être qu'a-
vantageuses. Celle que nous avons apportée à l'une d'elles
nous paraît obvier à la plupart des inconvénients précités ;
elle consiste à fabriquer chaque palette en deux pièces à coulisse, *fig.* 54, capables de s'étendre ou de se raccourcir,
quelles que soient les ondulations des courbes, et cela par
l'interposition d'un ressort placé en A. On a de plus disposé
la palette intérieure, de manière à recevoir une garniture de
cuir telle que BC, qui se compose de plusieurs feuilles de
cette même matière, superposées et réunies ensuite dans un
encadrement en laiton.

Voici les soins et précautions que recommandent les fabricants des pompes dont nous venons de parler, et qui ont
été perfectionnées par Dietz.

§ 5. *Pompe de Dietz.*

» Si l'eau à puiser est sujette à charrier du gravier, ou

(1) MM. *Stoltz* et compagnie, rue Coquenard, n° 18, à Paris. Ces
fabricants ont pris un brevet d'invention.

contient en grande abondance des sels calcaires ou de la vase, quoique le mécanisme de la pompe n'en puisse être altéré (1), pour prévenir l'engorgement du tuyau d'aspiration, ce qui pourrait nuire au jeu du clapet, on peut circouvenir la partie du tuyau percée circulairement de petits trous, d'un récipient en toile métallique ou en osier *Z'*, *fig*. 55.

» Dans la disposition indiquée par la *figure*, le mouvement de la manivelle doit être imprimé de gauche à droite, car, bien qu'elle puisse être manœuvrée indifféremment dans les deux sens, quand elle est privée de ses agrès, on conçoit que l'aspirateur étant muni d'une soupape, le mouvement contraire qui tendrait à ramener et à refouler l'eau dans le tuyau plein qui ne peut se vider, finirait, après avoir vaincu une certaine résistance, par en opérer la rupture.

» Quoique ces pompes puissent très-bien se conserver à l'air, et exposées à la pluie, un amateur soigneux devra faire graisser de temps en temps les parties de la machine qui sont en fer, afin de les préserver de la rouille (2), et même il couvrira tout l'appareil d'une boîte en bois peint, ou en fer-blanc, de manière à ne laisser en dehors que le volant, la manivelle et même l'engrenage si on eu adapte un.

(1) Nous ne sommes pas tout-à-fait d'accord avec les fabricants sur ce point-là.

(2) Les effets de la rouille ou de l'oxide dont il est question, sont le résultat de la décomposition de l'eau, qui est produite par l'électricité contraire qu'acquièrent deux métaux d'espèce différente lorsqu'ils se touchent : cet effet est augmenté par le contact de l'eau, se rapproche de celui d'une pièce de la pile voltaïque, et peut se prévenir facilement en fabriquant l'axe de même métal que celui de la boîte, en cuivre par exemple. Mais alors il convient de lui affecter un plus fort calibre, et de bien l'écrouir, afin de le rendre capable de résister à la force appliquée : la résistance du fer est à celle de cuivre comme 3 est à 2,7, à peu près.

Pendant la gelée, il faudra également la garnir de fumier ou autrement, et avoir soin de retirer la vis indiquée par T, tourner quelques tours la manivelle pour vider la pompe ; en prenant ces précautions, la pompe ne gèlera pas. Il faut avoir soin de graisser cette pompe tous les quinze jours, plus ou moins, selon le service qu'elle fera, en y introduisant de l'huile seulement par le trou de la vis indiquée aux environs de l'axe par ce signe ✝.

» Si toutefois, par un long travail, en la graissant seulement avec de l'huile, la pompe ne fournissait pas l'eau qu'elle doit, ou qu'elle manquât d'aspiration, il s'agirait de renverser e corps de pompe sur son plat, et faire fondre une ou plusieurs chandelles, selon la dimension de la pompe, d'introduire ce suif bien chaud par le trou de la vis ci-dessus indiqué, ayant soin, en le versant, de faire tourner l'axe de de la pompe : en suivant ce moyen, on pourra la conserver très-longtemps.

» Il arrive qu'on attribue quelquefois à la pompe un désordre apparent dans ses fonctions, qui lui est étranger. La cause en est presque toujours dans l'état défectueux des raccordements ou du clapet. Les raccordements, faute de jonction hermétique, ne s'opposant pas toujours complètement à l'introduction de l'air extérieur, et le clapet étant sujet au double inconvénient, ou de laisser échapper l'eau lorsqu'il est tenu entr'ouvert par la présence de quelque corps étranger, ou de ne pas obéir au mouvement d'aspiration, lorsque le clapet se trouve engorgé par la vase. Ce sont ces parties seules qu'il s'agit alors de visiter et de rajuster convenablement : le corps de la pompe n'étant par lui-même sujet à aucune altération, pourvu qu'il soit préservé des atteintes de la gelée.

» Toutefois, il se rencontre dans le commerce des plombs de mauvaise qualité sujets à s'exfolier en lames minces, lesquelles se détachent de la paroi interne des tuyaux, et étant aspirées jusque dans le corps de la pompe, s'introduisent entre les pièces mécaniques et arrêtent le mouvement. Il n'y a d'autre moyen alors pour en retirer ces feuilles de plomb que d'ouvrir la boîte en desserrant les vis † †, et d'enlever chacune des pièces, c'est-à-dire les quatre palettes qui jouent dans le noyau intérieur, puis le noyau lui-même; ce qui peut être exécuté par un ouvrier tant soit peu intelligent. Il remettra soigneusement les pièces à leurs places, et fermera la boîte après avoir intercalé entre les deux bords de cette dernière et leur couvercle une feuille de papier bien pareille à celle que l'on aura retirée, enduite en dessus et en dessous de blanc de céruse à l'huile.

» Pour obvier au même inconvénient, il faut avoir soin de supprimer les bavures qui se forment autour des petits trous que l'on perce à l'extrémité du tube d'aspiration.

» Si par suite d'un long usage l'eau venait à filtrer par la partie qui est traversée par l'arbre ou essieu, il serait facile d'y remédier en rajustant ou changeant la rondelle de cuir qui se trouve renfermée dans la petite boîte à cuir placée à cet endroit.

» Si la pompe se trouvait usée au bout de deux, huit ou dix ans, suivant le service qu'elle pourrait faire, elle serait mise à neuf dans l'établissement; les n°s 1, 2, 3, 4, pour 10 ou 12 francs; les n°s 5, 6, 9, 12, pour 15 ou 18 francs. »

Tarif et quantité numérique d'eau que les pompes de Dietz peuvent fournir.

N^os	Quantité d'eau élevée pour une révolution de l'arbre.			Quantité d'eau fournie par heure.		prix.
	centim. cubes.	(pouces cubes.)	litres.	en mètres et déc. cubes.	(pieds cubes.)	
1	238.00	12	864	0.784.72	25	250 f
2	357.00	18	1,296	1.268.26	37	300

Nos	Quantité d'eau élevée pour une révolution de l'arbre.			Quantité d'eau fournie par heure.		prix.
	centim. cubes.	(pouces cubes.)	litres.	en mètres et déc. cubes.	(pieds cubes.)	
3	714.10	36	2,592	1.487.72	75	350 f
4	892.63	45	3,456	3.427.72	100	400
5	1.388.54	70	5,400	5.347.25	156	530
6	1.983.64	100	7,952	7.575.26	221	630
9	3.173.82	160	12,000	11.345.77	331	1,200
12	8.252.00	416	30,000	29.752.65	868	2,200

J'ai vu une de ces pompes placée sur le bord d'un ruisseau et mise en mouvement par ce ruisseau à l'aide d'un engrenage, absorber presque toute l'eau qui lui sert de moteur et la monter dans un bassin d'une grande étendue, qu'elle tient toujours plein ; ce bassin est au point le plus élevé du jardin en terrasse, il se dégorge dans d'autres placés plus bas, et la pompe suffit grandement à un arrosement considérable. Le propriétaire qui l'a fait établir est abonné avec le fabricant qui, moyennant 10 francs par an, entretient la pompe en bon état; chaque année, au mois de novembre, on met le mécanisme, pesant à peu près 60 kilos (125 livres), sur l'impériale de la diligence, et 10 jours après on peut le remettre en place.

§ 6. *Pompe de Rouffet.*

La *fig.* 56 représente un autre système de pompe circulaire : A B C D est une boîte circulaire en laiton, semblable à celle dont nous avons parlé plus haut. Un noyau cylindrique intérieur, adhérent avec l'axe moteur, est placé excentriquement de manière à tangenter un des points de la paroi intérieure de la boîte.

Ce noyau est divisé en quatre parties, ou plutôt il porte quatre ouvertures diamétralement opposées, destinées à recevoir les quatre palettes P P P' P'; ces capacités sont telles que ces palettes et leur ressort R puissent s'y noyer entièrement.

Ces ouvertures du noyau ne communiquent pas entre elles par un canal égal à leur calibre, mais seulement par une petite ouverture qui traverse l'axe et la partie du noyau qui n'est pas coupée. Ces petites ouvertures sont destinées à recevoir des chevilles, et ces chevilles à pousser chaque ressort et par conséquent chaque palette qui appuie au-dessus.

Nous avons dit que le noyau était placé excentriquement dans la boîte de manière à tangenter la paroi intérieure. Deux tubes A et B sont, en outre, disposés pour communiquer avec la capacité de la boîte; l'un sert de tuyau d'aspiration, l'autre de refoulement, et ces deux tubes, séparés par le point de contact, ne sauraient communiquer directement ensemble.

P'P' représentent deux palettes dans la position de leur plus petite étendue; la cheville L L maintient leur écart; mais si on fait tourner l'axe jusqu'à ce que cette position soit devenue semblable à la seconde P P, il est bien évident que les extrémités des palettes ne seront plus en contact avec la paroi circulaire de la boîte; il s'en faudra de la différence entre la longueur de la corde et celle du diamètre. Les palettes se communiquent bien leur poussée réciproque par l'effet des chevilles mobiles, mais elles ne sauraient remplir cette différence, quelque minime qu'elle soit. Nous disons *quelque minime*, car il est possible de la rendre presque nulle, et cependant d'obtenir des volumes d'eau très-satisfaisants.

Or, pour remplir cette différence, on adapte à chaque extrémité des chevilles, ou même à une seule, des ressorts dont l'effet, pour les plus grandes dimensions de pompes, peut se borner à remplir un déplacement de 5 ou 6 millim. (2 ou 2 $\frac{1}{2}$ lignes).

On remarquera que cette disposition , quels que soient les effets de l'usure, tend aussi à les prévoir, puisque l'action des ressorts est continue et concourt incessamment à l'application intime des parties frottantes. On sait que les ressorts fabriqués en laiton bien écroui jouissent d'une qualité égale, dans quelques cas même, supérieure à celle de l'acier, et qu'ils sont de plus très-peu altérables dans l'eau, même dans celle de la mer ; et d'ailleurs, dans notre machine, leurs fonctions étant très-bornées, leurs qualités élastiques ne sauraient s'altérer même après un très-long usage.

On ne s'est pas contenté d'adapter à ces machines les moyens de correction que nous venons de citer, on a voulu aussi que tous les frottements de métal contre métal fussent supprimés et remplacés par des frottements de métal contre cuir : à cet effet, chaque palette a été composée de feuilles de cuir superposées et réunies entre elles au moyen de vis, de manière à laisser dépasser leurs tranches pour être soumises au frottement, *fig*. 57. Cet assemblage constitue une espèce de boîte qui doit contenir le ressort correcteur dont nous avons parlé plus haut.

Nous avons dit dans le principe que le noyau était fendu en quatre parties, de manière à ce que des capacités, capables de contenir les palettes et leurs ressorts, y fussent ménagées. Mais la seule portion de ce noyau qui n'est pas coupée, et au milieu de laquelle passe et est fixé l'axe de la pompe, ne serait évidemment pas suffisante pour donner une solidité convenable au système. Mais on remarquera que ces quatre portions de noyau se trouvent encore liées entre elles par l'excédant circulaire de métal OO, *fig*. 58 et 56 : or, ces disques métalliques, parties intégrantes du noyau, frottent également sur des anneaux de cuir, et à cet effet, les noyures des fonds dans lesquelles ils doivent se perdre, sont ménagées plus profondes. Cette dernière disposition a cela d'avantageux qu'elle concourt particulièrement à empêcher l'introduction de l'air dans les boîtes, car nous devons prévenir que c'est encore à cette introduction d'air par les tourillons, qu'on doit une grande partie des perturbations qui, dans les grandes limites d'aspiration, affectent le jeu de la pompe de Dietz (1).

Le jeu de ces machines est semblable à celui des pompes dont nous avons parlé plus haut. Si le prolongement du tube A plonge dans l'eau, en tournant la manivelle et par conséquent le noyau dans le sens indiqué par les flèches, la capacité K tendant à s'augmenter, se remplira d'eau après avoir chassé l'air, ou si elle est déjà pleine d'eau, les palettes qui se suivent, la pousseront en lui faisant parcourir la route P'PP'. Chaque palette passera à son tour, et au point le plus culminant de la course, et ensuite au point de contact; le vide ne peut pas s'établir dans la boîte, et les mêmes capacités qui tendaient à s'augmenter dans le principe, diminueront ensuite; le liquide, arrêté au point de contact du noyau et de la boîte, se trouvera ainsi obligé de refouler par le tube d'en haut, et de se reproduire par celui d'en bas.

Cette machine jouit d'un avantage que n'a pas celle de Dietz, ni les autres pompes circulaires; c'est que tous les frottements étant obtenus au moyen du cuir, cette dernière matière seule peut se dégrader par l'effet de l'usure. Le corps principal de la boîte et les autres parties du mécanisme resteront intacts, et une réparation peu coûteuse (subordonnée probablement au temps que le cuir met à se pourrir dans l'eau), à la portée des ouvriers que comportent ordinairement les villes ou les navires, le rendra à son premier état.

(1) Ces pompes se fabriquent chez M. *Rouffet*, mécanicien, rue de Perpignan, no 8, en la cité, à Paris.

§ 7. *Précautions pour entretenir les pompes circulaires.*

Les mêmes règles assujetties aux pompes ordinaires à tubes et à mouvements rectilignes, sont applicables à celles-ci, c'est-à-dire que les effets d'aspiration n'étant dus qu'à la pression atmosphérique, elles ne sauraient élever l'eau si les corps de boîtes sont placés au-dessus de 10 mètres 40 centim. (32 pieds); il convient même de les fixer au-dessous de cette limite pour être assuré de leurs fonctions et afin qu'elles ne soient pas sujettes aux variations atmosphériques.

On doit avoir également soin de ne pas faire passer dans les boîtes une quantité d'eau plus grande que celle que les tubes peuvent conduire, car alors on reproduirait les effets de la presse de Pascal, c'est-à-dire, qu'on agirait sur une grande masse d'eau pour n'en élever qu'une portion, et une très-grande dépense de force motrice en serait la conséquence inévitable.

Les quantités d'eau que peuvent produire ces pompes sont subordonnées au canal intérieur de la boîte et à celui des tubes; elles sont les mêmes que celles de Dietz, dont nous avons donné le tableau. Comme ces dernières, la hauteur à laquelle l'eau peut être élevée n'a d'autre limite que celle de la force motrice employée, qui peut s'estimer par atmosphère, c'est-à-dire par colonne de 10 mètres 40 centim. (32 pieds), plus le frottement nécessaire qu'il faut vaincre.

La résistance de toutes les parties du mécanisme, siège du mouvement et des tubes conducteurs, doit être également proportionnée à la pesanteur de liquide suspendu, ainsi qu'à la puissance motrice.

Pour maintenir ces pompes pleines d'eau, et par ce moyen éviter de les amorcer, on doit aussi garnir leurs tubes inférieurs de clapets ; mais cette précaution devient inutile quand la boîte est peu élevée au-dessus du niveau de l'eau.

On peut aussi garnir les tubes aspirateurs de cribles ou de réservoirs ; on doit éviter qu'ils n'appuient sur le sol , afin que l'effet de l'aspiration n'entraîne pas des corps étrangers ou des parties terreuses ou calcaires capables de dégrader le mouvement, ou d'en troubler les fonctions.

La règle à suivre relativement à l'application de cette pompe aux incendies, est de faire passer dans les boîtes une plus grande quantité d'eau que les tubes n'en peuvent émettre, et de ne permettre l'éjection qu'à une portion du liquide sur lequel on agit. On obtiendra ainsi un effet semblable à celui des pompes à incendie ordinaires ; mais aussi, comme pour ces dernières, ces résultats seront les conséquences nécessaires d'une dépense très-notable de puissance motrice.

Nous avons dit que ces machines, pour être susceptibles de fonctionner, demandent à être placées aux environs de 10 mètres 40 centim. (32 pieds), mais jamais au-dessus de cette limite. Un mécanisme très-simple peut être mis en usage pour les puits plus profonds. Nous l'avons dessiné *fig.* 59 ; la boîte de pompe est fixée en C à une hauteur supposée de 8 mètres 45 centim. (26 pieds) depuis le niveau de l'eau. R R' est une tringle qui porte une fente en A, et cette fente est destinée à fournir librement un passage à coulisse au point d'appui A fixé à la maçonnerie intérieure du puits. PR' est une double manivelle à laquelle s'applique la puissance ; elle peut tourner librement sur le support S, et d'autre part au bout de la tringle en R'. L'extrémité inférieure de cette même tringle est également fabriquée de manière à s'adapter à la manivelle coudée de la pompe circulaire, qui tourne aussi avec liberté au point R.

Il résulte de cette installation qu'en agissant circulairement sur le point P de la manivelle, le même mouvement se reproduira en bas au point R.

CHAPITRE IV.

APPLICATION DES POMPES CIRCULAIRES A LA NAVIGATION SOUS-MARINE.

Notre intention étant de remplacer dans les bateaux sous-marins l'appareil des machines pneumatiques par des pompes immédiatement circulaires, nous avons dû entrer dans quelques détails nécessaires pour en bien faire comprendre les fonctions. Nous prévenons toutefois que ce n'est pas comme pompe à air, que nous comptons nous en servir, mais bien seulement comme pompe à eau, et que notre système du renouvellement de l'air contenu dans les capacités submergées repose absolument sur le déplacement alternatif d'une certaine quantité d'eau.

§ 1er. *Cloche à plongeur.*

Les cloches à plongeur, qui se composent d'une capacité vitrée capable de contenir plusieurs ouvriers, restent ouvertes par le bas, tandis qu'au moyen d'une certaine quantité de poids, on les oblige à s'abaisser jusqu'au fond de la mer. C'est dans cette position qu'il convient de renouveler de temps en temps une portion de l'air vicié par la respiration des individus contenus dans les cloches. A cet effet, on met en usage les machines pneumatiques, qui ne sont autre chose que des pompes à air aspirantes et foulantes. Ordinairement un bateau fixé au dessus de l'endroit où se trouve plongée la cloche, contient, outre les appareils destinés à élever le système, la pompe pneumatique et les hommes nécessaires pour la mettre en fonction. Deux tubes rigides, destinés l'un au refoulement de l'air atmosphérique dans la capacité de la cloche, l'autre à l'aspiration de l'air vicié, sont fixés, d'une part à la cloche, de l'autre aux parties correspondantes de la machine pneumatique. L'ouverture du tube d'aspiration ne s'enfonce pas beaucoup au-dessous du sommet de la cloche, afin qu'il puisse agir immédiatement sur l'air vicié, qui étant, comme on sait, plus léger que l'air ordinaire, doit occuper nécessairement la partie supérieure de la capacité submergée.

Relativement aux bateaux sous-marins, les principales difficultés à vaincre reposent aussi sur les moyens du renouvellement de l'air nécessaire à la vie des individus qui, bien qu'ils ne soient pas soumis à l'énorme pression qu'on éprouve dans les cloches à plongeur, demandent encore des procédés plus rationnels, plus faciles et plus durables que ceux qui sont la conséquence de l'emploi des machines pneumatiques.

D'ailleurs, d'une construction difficile, et hors de la portée du commun des ouvriers, ces machines ne souffrent aucune médiocrité dans leur fabrication. Suivies d'un attirail volumineux, et par conséquent incommode, elles dépensent en frottement une puissance excessive, et présentent, en outre, d'autres inconvénients que nous avons cherché à éviter.

§ 2. *De l'air nécessaire au plongeur.*

Pour qu'une capacité sous-marine soit habitable, il faut qu'elle puisse contenir de l'air en volume, tel qu'on ne soit pas obligé de le reproduire à chaque instant ; que les moyens de renouvellement soient faciles et à la portée des individus contenus dans la capacité submergée ; que l'introduction d'une quantité d'air quelconque ne soit pas capable d'en changer la masse. Nous rangerons ensuite, en sous-ordre, les moyens locomoteurs, et les formes les plus avantageuses à donner au bateau pour les faciliter.

XZ (1) (*fig.* 60) est une capacité divisée en trois parties hermétiquement fermées, mais pouvant communiquer entre elles par le moyen des tubes placés dans son intérieur. La capacité A est supposée égale à l'autre B ; celle C est destinée à contenir les individus ; elle communique avec l'atmosphère au moyen d'un tube de cuir, muni de diaphragmes et d'un flotteur en H. P (2) est une pompe circulaire à eau, qui a la propriété de fonctionner dans les deux sens inverses ; elle est également adaptée à deux tubes communiquant avec chacune des capacités A et B.

Nous avons cherché à faire distinguer par la seule inspection de la figure, quelles sont les fonctions de chaque tube ; et on remarquera que deux robinets seulement en D et en E, mais percés convenablement, servent à établir ou arrêter la communication des tubes correspondants. Les dimensions des tubes ont été forcées dans la figure, pour en faire concevoir le jeu au premier coup-d'œil, et nous avons marqué d'un petit rond (o) les ouvertures des robinets que nous supposons libres dans l'opération que nous allons décrire plus bas. En tournant les robinets dans un sens contraire, ces ouvertures se trouveraient évidemment bouchées, tandis que toutes les autres seraient ouvertes. E est le second robinet qui sert à établir ou arrêter la communication des tubes auxquels il est adapté ; on voit que dans le cas représenté par la figure, toutes ces ouvertures sont libres.

(1) Dans la fig. 1, nous avons placé les tubes de manière à en faire concevoir les fonctions ; mais il est évident qu'on peut leur assigner une place moins gênante et plus appropriée à l'espace qui doit contenir les individus.

(2) Le tube aérifère peut aussi être fait de métal, et par un système semblable à celui des longues-vues ; il jouira donc de la faculté de s'allonger ou de se raccourcir par la puissance seule du flotteur.

Le tube de métal doit avoir la forme indiquée par la fig. 61, qui représente une section perpendiculaire à la longueur.

Supposons maintenant que ce système soit enfoncé sous l'eau de manière à ce que le flotteur soit à la surface, et que, dans cette position, A soit plein d'eau ; pour renouveler l'air de C, voilà comme on doit s'y prendre : on ouvrira les communications des tubes K et I ; on ouvrira également toutes les ouvertures du robinet E, et on tournera la manivelle de la pompe suivant la direction indiquée par la flèche ; alors l'eau de A passera en B, chassera l'air vicié de cette capacité par K, tandis que cette eau sera remplacée par de l'air atmosphérique arrivant par F, et se dirigeant, après avoir traversé la capacité habitée, vers I, pour entrer en A. On remarquera que les ouvertures des robinets secondent ces mouvements, et qu'en leur donnant une position inverse et en tournant la manivelle de la pompe dans un sens contraire, l'eau de B passera en A, un renouvellement d'air s'opérera de nouveau.

Dans cette opération, nous avons agi sur la même quantité d'eau : la masse du bateau n'a donc pu être altérée. En supposant toujours qu'un effet de vague ait pu occasioner une introduction d'eau imprévue par H, cet excédant de liquide serait chassé par K, lorsque la capacité B serait pleine. Il en serait de même pour l'autre capacité A.

Il résulte de ce que nous venons de dire, que, sans le secours de la machine pneumatique et sans changer la pesanteur du système, nous avons la faculté de renouveler l'air intérieur autant de fois que le besoin l'exigera. Le jeu commode des pompes circulaires nous garantit l'exécution rigoureuse de ce procédé.

Maintenant on peut supposer qu'un pareil système soit contenu dans un autre, que nous pouvons imaginer semblable à celui que formeraient deux embarcations à varangues plates, renversées l'une sur l'autre ; on ne conserverait que la quille de l'embarcation inférieure, tandis qu'on en établirait deux latérales (*fig.* 61) : la première servirait à la direction dans le sens de la marche progressive du bateau, les deux secondes à le maintenir à la profondeur voulue. Deux gouvernails termineraient les prolongements de ces quilles : l'un, vertical, et fixé de l'arrière, remplirait les fonctions des gouvernails ordinaires ; l'autre, horizontal, et placé de l'avant à l'extrémité des deux quilles, et dans leur prolongement, faciliterait les mouvements ascendants ou descendants du bateau. On peut aussi établir à la partie supérieure et convexe du bateau un hublot vitré qui se fermera par-dedans, et qui, à l'extérieur, sera entouré d'un hiloire plus ou moins saillant.

S'il est impossible d'empêcher que le déplacement des masses d'eau par lesquelles nous obtenons le renouvellement de l'air ne change pas la position du centre de gravité, on pourra toujours, par les formes et les dimensions des capacités et par le moyen du lest que devront contenir les espaces M et N, et qui doit servir à vaincre la pesanteur spécifique du bois qui entrera dans la construction du bateau, rendre les effets de ce déplacement assez minimes pour ne pas la déranger d'une manière nuisible. Nous pensons, en outre, que le système entier peut se fabriquer en tôle un peu épaisse, rivée, et des soudures ordinaires à l'étain remplaceraient le calfatage.

La portion d'air que contiendront les capacités M et N, jouissant de la faculté élastique appropriée à ce fluide, en augmentant ou vidant le volume d'eau contenu dans ces espaces par le secours d'une seconde pompe circulaire, et sans y introduire une nouvelle quantité d'air, on parviendra facilement à accroître ou diminuer la pesanteur du système ; c'est par ce moyen que nous comptons opérer les mouvements verticaux du navire, secondés d'ailleurs par les inclinaisons du gouvernail horizontal, et même vider les excédants d'eau que des fissures imprévues pourraient accumuler dans son intérieur.

Nous devons croire que c'est à une opération analogue que les poissons doivent la faculté de se transposer dans des milieux plus ou moins élevés. Nous ne voulons pas inférer de là que c'est en se servant de l'eau comme véhicule ; mais nous entendons que c'est en comprimant ou dilatant par leurs seules forces musculaires le fluide gazeux contenu dans leur vessie.

§ 3. *Des moteurs.*

Il nous reste à examiner quels sont les moyens locomoteurs applicables à ce genre de bateaux. Déjà la *fig.* 62 a dû faire soupçonner que nous comptons employer des roues à aubes. Effectivement, on voit que rien ne s'oppose à ce qu'on fasse circuler deux roues semblables dans des capacités presque circulaires, ménagées à dessein de chaque côté du bateau. Ces capacités étant bien fermées par le haut, de même que les cloches à plongeur, ne sauraient prendre de l'eau par le bas. Une moitié de la roue serait plongée dans l'air comprimé de la partie supérieure de cette capacité, tandis que l'autre le sera dans l'eau sous-jacente. La première pourra se mouvoir sans obstacle ; la seconde, en agissant sur l'eau, tendra aussi à faire avancer le bateau. Il serait facile d'ailleurs de concevoir comment on peut donner aux roues le mouvement nécessaire par le moyen de leurs axes, qui, après avoir traversé les flancs du bateau, se termineraient intérieurement par une manivelle coudée.

Les articulations que comportent les leviers ou barres destinées à faire mouvoir les gouvernails, peuvent être établies par le moyen de systèmes semblables à celui qui est dessiné dans la *fig.* 63. Elles réunissent les conditions voulues pour être durables, et faciliter un mouvement quelconque : elles consistent en une petite sphère massive et percée d'un trou, dans lequel doit se fixer, à la longueur convenable, le levier ou l'aviron si on veut s'en servir. Cette petite boule de métal se meut dans tous les sens, dans une autre sphère concave et de même calibre, qui est supposée fixée solidement au corps du bateau. Cette dernière porte deux ouvertures assez grandes pour laisser aux leviers ou aux rames la faculté d'agir et de se retourner dans tous les sens.

Les capacités M et N ne communiquent pas avec celle qui contient les individus, ni même avec celles qui servent au renouvellement de l'air ; mais elles sont destinées à l'établissement du lest nécessaire pour vaincre la pesanteur spécifique du bois qui entre dans la construction du bateau, et pour le maintenir dans une position convenable dans toutes les situations. Nous avons dit déjà que c'est dans ces espaces que sera contenue l'eau qui, par les changements de volume, doit faciliter les mouvements verticaux du système.

On voit d'ailleurs que, sans borner l'emploi d'un pareil procédé à la navigation sous-marine à une grande profondeur, on peut l'utiliser dans plusieurs autres circonstances ; par exemple, dans celle où un mauvais temps ou un vent violent rendrait impraticables les moyens de communication ordinaires entre la terre et les navires : il suffirait, pour cela, de soustraire à la force du vent (et cela en augmentant convenablement l'eau contenue dans les capacités M et N) une portion de la partie supérieure du bateau de telle façon que son action n'aurait aucune prise sur elle ; ensuite un bout de tube métallique serait établi au moyen d'un écrou sur la partie à laquelle doit s'adapter, dans l'autre cas, le manche en cuir à diaphragmes ; à son extrémité supérieure, ce tube porterait un clapet destiné à le fermer, lorsque la vague passerait au-dessus, et il servirait ainsi aux fonctions du renouvellement de l'air intérieur.

Arrivé ensuite au point de destination ou aux environs, on viderait en partie ou entièrement l'eau contenue dans les capacités M et N, et le bateau reviendrait à flot comme les embarcations ordinaires.

Nous ne devons nullement tenir compte de l'eau que des accidents de lames ne manqueront pas d'introduire dans les capacités différentes du bateau, par les tubes dont nous venons de parler ou par tout autre accident, puisque telle est l'efficacité du jeu des pompes circulaires, qu'en une minute un homme avec aisance peut rejeter en dehors une masse d'eau équivalente à 200 litres (1); et le mécanisme qui produit autant d'effet est contenu dans un cylindre de métal de 21 centimètres (8 pouces) de diamètre sur 8 centimètres (3 pouces) de hauteur.

Quoiqu'il puisse paraître peu généreux de proposer l'emploi de ce système comme moyen de destruction, nous pensons cependant qu'il en serait de cette machine comme il en fut de toutes les armes connues aujourd'hui, c'est-à-dire que, dans leur origine, l'usage en fut frappé d'un caractère de déloyauté qui disparut ensuite à mesure que la connaissance de ces moyens vint éclairer les nations rivales; et d'ailleurs nos dernières luttes sanglantes ne nous ont-elles pas prouvé qu'il est des ennemis tels qu'une arme quelconque peut se diriger contre eux.

§ 4. *Emploi de ce système comme moyen de destruction.*

Plusieurs procédés se présentent à l'imagination pour employer ce système comme moyen de destruction ; ainsi, on peut fixer latéralement au bateau sous-marin des tubes mé-

___

(1) Trois litres et demi ou quatre litres d'air suffisent à la consommation d'un individu pendant une minute.

talliques qui seraient fermés en dedans par un robinet. Si, en outre, on fabrique des tarières creuses destinées à s'enfoncer dans ces tubes, lorsque leurs robinets sont ouverts, ces tarières, calibrées comme les canaux des tubes, seront libres de tourner si on imprime à leur manche, situé dans l'intérieur de la capacité habitée, un mouvement de rotation nécessaire. Plusieurs tubes semblables peuvent être disposés dans la longueur du bateau, et comme nous supposons les tarières mêmes creusées en forme de tubes, il sera facile d'établir une communication directe entre la capacité habitée et l'intérieur du navire attaqué. Des matières incendiaires pourront être introduites dans le navire qu'on veut brûler, et ces matières seront enflammées avant le départ.

On choisira, il n'est pas besoin de le dire, le navire placé au vent de la flotte, afin que le dommage ne se borne pas à lui seul. Sans aller attaquer le dessous de la carène, on peut également, si l'opération se passe dans la nuit, aller immédiatement travailler sous les façons de l'arrière, et par le moyen du hublot vitré, y fixer une chemise soufrée qu'on enflammera avant de plonger.

§ 5. *Emploi des pompes circulaires pour rafraîchir l'eau.*

Le principe de notre bateau sous-marin, de même que celui que nous allons développer, pour le rafraîchissement de l'eau, repose entièrement sur la rigueur des fonctions des pompes circulaires. L'un et l'autre procédé tombera évidemment si on ne l'admet pas, et nous n'aurions pas osé émettre de pareilles idées si un examen scrupuleux et des expériences précédentes ne nous eussent convaincu de la réalité de leurs produits.

Si on laisse tomber sur la boule d'un thermomètre de l'eau de manière à en mouiller toute la surface, le mercure contenu dans le tube indicateur s'affaissera, et encore plus si au lieu d'eau on emploie de l'alcool ou de l'éther sulfurique. On sait que cet abaissement de température est la conséquence immédiate de l'évaporation de l'eau, de l'alcool et de l'éther; qu'il est réciproque à leur degré de volatilité, c'est-à-dire qu'il ne saurait y avoir évaporation sans consommation de calorique, et que le refroidissement sera d'autant plus intense que les liquides dont on se sert pour produire l'évaporation seront plus vaporisables. Tout le monde connaît cette belle expérience de nos laboratoires, au moyen de laquelle on obtient la congélation de l'eau au milieu des chaleurs brûlantes de la canicule. Il suffit, comme on sait, de placer sous le récipient de la machine pneumatique deux vases convenablement disposés; l'un d'eux contient de l'acide sulfurique concentré, le second l'eau qu'on veut congeler: on fait ensuite le vide.

Si l'eau, à l'air libre et à la température ordinaire, s'évapore d'une manière assez notable, à plus forte raison, lorsque, comme dans l'expérience que nous citons, on supprime le poids énorme de l'atmosphère qui pèse sur sa superficie; il arrivera bien, au bout d'un certain temps, que l'air contenu dans la capacité du récipient sera sursaturé d'humidité, au point de s'opposer à une nouvelle reproduction de vapeur. Mais nous avons dit plus haut qu'on avait la précaution de placer sous le récipient un second vase rempli d'acide sulfurique; or, la propriété de cet acide étant de s'emparer avec avidité des vapeurs hygrométriques suspendues dans l'air, il absorbera nécessairement toutes celles qui se produiront par l'effet du vide soutenu de la machine. Il en résultera une évaporation continuelle, et par conséquent un abaissement très-marqué de température.

L'opération que nous venons de décrire entraîne avec elle l'emploi d'un acide qu'il est nécessaire de renouveler en quantité convenable pour chaque expérience. Cet acide ne se consomme pas, si on veut, mais son avidité pour s'emparer de l'humidité diminuera à mesure qu'il se chargera de vapeur d'eau, et il finirait probablement par être sans effet ; de plus, les machines pneumatiques qui remplissent bien leur but lorsque leur usage se borne aux expériences peu fréquentes de nos cabinets de physique, finiraient par se détériorer assez promptement ; elles sont coûteuses, et demandent, quant à leur fabrication, des mains habiles et exercées. Elles dépensent, en outre, nous avons déjà eu l'occasion de le dire, en frottements, une grande somme de puissance, et ces frottements sont une conséquence immédiate de la régularité de leurs fonctions. Nous pensons que l'appareil suivant remplirait entièrement les conditions voulues pour atteindre au même but.

§ 6. *Moyens accessoires.*

Fig. 65. C est un vase de métal très-mince, entouré d'une étoffe moelleuse et légère ; ce vase n'a de communication avec l'extérieur que par le tube, dont D est le robinet ; c'est celui qui doit contenir l'eau qu'on veut rafraîchir ; il est entouré d'un second vase de même forme, de manière à ne laisser entre deux qu'un espace minime, de manière aussi que l'étoffe dont nous avons parlé ne soit pas trop serrée. Ce second vase communique, d'une part, avec une capacité ouverte A ; de l'autre, lorsque le robinet E à deux ouvertures est convenablement tourné, avec les parties supérieures de chacune des capacités F et G (1). Les deux ouvertures du robinet E sont à angles droits, de telle sorte que l'intérieur de la double enveloppe M N ne saurait communiquer simultanément avec les deux vases bouchés F et G.

(1) Un robinet à deux fins a été dessiné dans la figure 66.

Deux petits tubes, dont K est le robinet unique, sont destinés à introduire de l'air, aux moments convenables, dans chacun des vases auxquels ils sont adaptés.

B est un entonnoir destiné à contenir de l'eau; il se termine par une ouverture presque capillaire, et c'est par elle que doit s'écouler en petite quantité le liquide qui doit humecter incessamment l'enveloppe d'étoffe qui entoure C.

Maintenant supposons A plein de fragments de chlorure de chaux séchés préalablement au feu, et C plein d'eau, ainsi que F et B. Supposons aussi qu'après avoir tourné convenablement les robinets E et K, on fasse mouvoir la manivelle de la pompe dans le sens indiqué par la flèche; alors l'eau de F passera en G; la capacité F sera obligée de se remplir d'air arrivant par A, tandis que l'air de G s'échappera par un des tubes en K.

On remarquera que l'air qui doit remplacer l'eau de la capacité supérieure, ne peut y arriver sans préalablement s'être dégagé de toute son humidité en passant au travers du chlorure de chaux; que cet air sec passant ensuite sur le contour de l'enveloppe humectée, se chargera de vapeurs aqueuses, qu'il y aura par conséquent évaporation et abaissement de température réciproque dans le vase C; que si l'on renverse l'opération, c'est-à-dire que si on fait passer l'eau de G en F (pour cela il faudrait tourner les robinets dans un sens inverse), on agira convenablement pour reproduire un nouvel abaissement de température.

Nous ne voulons pas supposer que l'effet de cet appareil puisse offrir les mêmes résultats que ceux qu'on obtient au moyen de la machine pneumatique et de l'acide sulfurique; mais nous pensons que quand il bornerait son effet à produire, sans dépense, un abaissement de température égal à 5 ou 6 degrés, au milieu des chaleurs de l'été, il sera suffisant pour promettre un nouveau genre d'industrie à ceux qui spéculent sur les objets de luxe recherchés par l'opulence.

CHAPITRE V.

Accélération.

Le mouvement des corps graves pendant leur chute est accéléré; pendant leur ascension il est retardé.

Les espaces parcourus par un corps grave abandonné à l'action de la pesanteur terrestre sont comme le carré des temps; et dans chaque seconde qui suit la première, l'espace parcouru est égal au premier, multiplié par le carré du temps, moins ce premier espace. Les liquides suivent la même loi.

Accompagner un tube.

On entend par accompager un tube de conduit, le soutenir dans sa longueur, afin qu'il ne cède pas par un des points intermédiaires non suspendu à sa pesanteur propre.

Quand un tube un peu long est suspendu horizontalement par ses deux extrémités, la pesanteur même du tube peut être considérée comme produite par une infinité de forces qui agissent toutes dans le sens de la verticale.

Alors les deux extrémités d'attache et d'appui supportent un effort considérable, et si les points de support intermédiaires ne sont pas suffisamment rapprochés, le poids du tube, celui de l'eau contenue, peuvent se réunir pour faire casser le tube.

Ces causes de ruptures peuvent ensuite s'ajouter avec les effets de la dilatation ou de contraction des tubes par la gelée; toutefois les efforts que supportent les points d'appui diminuent à mesure que la position des tubes se rapproche de la verticale.

Dans les incendies on doit avoir soin d'accompagner ou soutenir les tubes de cuir, soit par des individus, soit par des moyens quelconques; car on peut bien les monter vides; mais lorsque l'eau y est refoulée, le poids en augmente considérablement, fatigue les points d'appui lorsqu'ils ne sont pas multipliés, ou produisent quelquefois des accidents funestes en causant la chute des travailleurs.

Accoupler.

On accouple deux systèmes de corps de pompe pour détruire leurs intermittences. Mais on peut arriver aux mêmes résultats avec un seul tube. (*Voyez* page 107.)

Accumulation d'air.

Dans les pompes circulaires, il arrive, lorsqu'elles sont placées aux environs des grandes limites d'aspiration, que la boîte se remplit d'air, soit qu'il se fasse issue par les tourillons, soit encore qu'il provienne de l'eau du puisart. La pompe, continuant à jouer, n'agit plus que sur cet air qui, quelquefois même, tient en suspens la colonne d'eau qui se trouve dans le tube supérieur. Il suffit, pour l'en chasser, d'ouvrir une issue à cet air par une ouverture ménagée à dessein à la boîte; alors il sort par la seule pression de la colonne d'eau supérieure, et quand la boîte s'est de nouveau remplie d'eau, on la bouche, et la pompe est susceptible d'entrer en fonctions.

Acreté.

Le cuivre jaune ou laiton acquiert par la chaleur une telle âcreté, qu'il devient presque impropre à fournir un frottement doux. Une prompte usure et une consommation notable de puissance en sont la conséquence inévitable.

Adhérence.

Deux surfaces semblables, appliquées l'une contre l'autre, adhèrent fortement ensemble, surtout lorsqu'elles sont mouillées.

Cette adhésion n'est pas le résultat de la pression atmosphérique, puisqu'elle a lieu également dans le vide pneumatique.

Affaissement.

Lorsque, par un mauvais ajustage de la part des soupapes, l'eau s'affaisse dans les corps des pompes, on se trouve nécessairement dans l'obligation de les amorcer de nouveau. Souvent cet accident est dû à des corps étrangers qui viennent se fixer entre les soupapes ou dans leurs articulations.

Agrès.

On nomme agrès tous les appareils nécessaires pour armer une pompe à incendie, tels que la lance, les manches en cuir, etc.

Aiguillette.

Petite ficelle dont on se sert pour lier les manches en cuir sur leurs ajustages à vis.

Air.

L'air joue un grand rôle dans les fonctions des pompes (*voyez* ce que nous en avons dit au commencement de cet ouvrage ; voyez aussi *Atmosphère*).

On nous permettra ici une petite digression relativement aux effets que l'on peut tirer de l'air atmosphérique comprimé au moyen d'un véhicule quelconque et d'une pompe rotative.

Fig. 56. Supposons le tube B plongé dans l'eau ou un

liquide plus visqueux, dans une solution d'hydrochlorate de chaux, par exemple, qui jouit aussi de la propriété de ne pas dégrader le cuivre. Supposons aussi que la boîte soit très-solide ainsi que le tube adapté en **A**; que ce dernier soit d'un calibre beaucoup plus grand relativement au volume du liquide qui peut passer dans la boîte.

Maintenant la boîte étant pleine de liquide, faisons tourner la manivelle de la pompe, de manière à l'obliger de se refouler dans le tube supérieur que nous supposons en outre bouché solidement de manière à ne pas permettre à l'air comprimé de se faire issue au-dehors; alors l'air du tube se comprimera fortement, et si on continue à faire agir la pompe, il faudra nécessairement que le tube éclate ou que le bouchon parte avec une puissance et un ressort égal à celui de l'air comprimé; et cet effet sera également relatif à la superficie que présentera ce bouchon ou à son diamètre, ou encore à celui du tube supérieur.

Nous n'avons fait des expériences qu'avec une machine de très-petite dimension, et cependant nous sommes parvenus à obtenir des résultats prodigieux, qui ont failli même être funestes aux assistants.

Mais ces résultats peuvent se multiplier dans leurs effets, si on parvient à projeter instantanément une grande somme de calorique dans l'intérieur du tube où se trouve l'air comprimé : or la chose nous paraît facile.

Car, si au tube supérieur, on pratique une lumière semblable à celle des canons, j'entends dans la partie occupée par l'air comprimé; qu'on charge cette lumière avec un composé inflammable, tel que du chlorate de potasse ou de l'iodure d'azote; si cette matière bouche hermétiquement la lumière de manière à intercepter le passage à l'air comprimé, ce qui d'ailleurs peut se faire, puisqu'elle ne supporte qu'une pression égale à la superficie de son orifice intérieur; si ensuite, par percussion extérieure ou autrement, on l'enflamme, elle se projettera à l'intérieur, échauffera instantanément l'air comprimé, le dilatera et produira une détonnation beaucoup plus grande, plus spontanée que la première.

Mais cette inflammation peut s'obtenir de plusieurs manières, soit par un effet d'électricité, soit par le moyen du platine spongieux et d'un courant de gaz hydrogène.

Nous regrettons de n'avoir pas eu les moyens de pousser jusque là nos expériences, comme aussi de n'avoir pu continuer celles que nous nous proposions de faire sur l'air atmosphérique employé comme véhicule en remplacement de la vapeur d'eau dans les machines à vapeur.

Ajutages.

Fig. 24, 25, 26, 27, 28, 29, 30. Pièces qui sont destinées à servir de liaison soit aux tuyaux de conduits, soit aux corps de pompe entre eux ; il en est qui peuvent glisser les uns dans les autres, et préviennent ainsi les effets de la dilatation du métal ; les autres s'obtiennent par des raccordements de collerettes et de boulons. On interpose entre ceux-ci des feuilles de plomb, de cuir ou de papier, qui sont destinées à remplir les défauts du métal. Les ajutages des boyaux d'incendie s'obtiennent par des étuis à vis tels, qu'on ne soit pas obligé de tourner les manches dans toute leur longueur pour les raccorder ; *figure* 28, en tournant la pièce en laiton **BB,** les deux parties **AX** se raccorderont.

Alimentaire.

On donne le nom de pompe alimentaire à celle qui est destinée à alimenter les chaudières des machines à vapeur. On ne doit jamais leur adapter des garnitures de cuir, à cause de la grande chaleur qu'elles sont à même de supporter, car souvent l'eau qu'elles refoulent dans la chaudière a été chauffée préalablement. La figure 21 représente une pompe de cette espèce.

Alléser, allésoir.

Cette opération consiste à donner une figure régulière et cylindrique à l'intérieur des cylindres ou corps de pompe après qu'ils sont sortis de la fonte. A cet effet, on fait mouvoir circulairement, de haut en bas, dans le corps des cylindres, des outils qu'on nomme *allésoirs*.

Les allésoirs sont des massifs circulaires en cuivre jaune, sur le contour desquels on a ménagé plusieurs fentes destinées à recevoir des lames d'acier, de telle manière qu'au moyen de petites cales placées entre le dos de ces lames et le fond de leurs mortaises, on puisse les faire saillir plus ou moins en dehors, relativement au diamètre qu'on veut conserver au corps de pompe.

En parcourant toute leur longueur, les lames enlèvent les aspérités qui sortent de leur cercle de révolution, et quand les parois intérieures conservent encore des chambres ou soufflures, si elles ne sont pas trop profondes, on tâche de les franchir en faisant saillir davantage les lames de l'allésoir, et en recommençant la même opération.

Allumer, amorcer, engrener.

Amorcer une pompe, c'est y jeter un peu d'eau afin que la heuse puisse agir immédiatement sur l'air intérieur et ensuite sur l'eau. (*Voyez* page 88.)

Allonge.

On appelle allonge une portion de tube en cuir, portant

à ses deux extrémités des pièces de raccordement destinées à s'ajouter à la manche en cuir principale.

Dans les incendies, quand la distance du feu à la pompe n'est pas grande, ou conçoit qu'il serait bien désavantageux de laisser aux manches en cuir une longueur incommode, et d'ailleurs préjudiciable relativement au frottement de l'eau dans leur canal intérieur ; alors on les diminue d'une, de deux ou de trois allonges, quitte à les remettre en cas de besoin.

Alternatif.

Le mouvement des pistons dans le corps de pompe est rectiligne et alternatif ; dans les pompes circulaires à cloisons, semblables à celle qui est dessinée *fig.* 48, le mouvement est circulaire et alternatif. Le mouvement applicable aux pompes *fig.* 53, 56 et 47, est un mouvement circulaire et continu ; c'est le plus favorable à la transmission de la puissance motrice.

Alun.

Sulfate d'alumine ; sel formé par la combinaison de l'acide sulfurique avec l'alumine ou argile pure ; il est efflorescent, et remarquable par la grande propriété dont il jouit de laisser échapper à l'air l'eau de cristallisation qu'il contient.

Amont.

Aller en amont d'une rivière ou d'un courant d'eau quelconque, c'est remonter contre son courant ; aller en aval, c'est faire le contraire.

Amorcer. Voyez *Allumer.*

Angles.

Les anges des tubes de conduits nécessitent, de la part de

ces derniers, une plus grande résistance aux endroits coudés ; et cette résistance doit être relative à la petitesse de l'angle, et par conséquent au choc d'autant plus brusque du liquide. Nous avons déjà eu l'occasion de dire que l'action du courant d'eau intérieur était évidemment de redresser les tubes courbés.

Aqueducs.

Canaux en maçonnerie destinés à conduire l'eau dans des lieux quelconques, malgré les inégalités du terrain. (*Voyez* page 82.)

Aréomètre, pèse-liqueur.

Instrument dont on se sert pour peser les liqueurs. Lorsqu'on veut analyser l'eau d'une source, on doit la soumettre au pèse-liqueur, qui en fait connaître la pesanteur spécifique. On la compare ensuite avec celle de l'eau pure, et on juge ainsi de son plus ou moins grand état de pureté.

Arrosage.

En adaptant à une pompe aspirante et foulante sans intermittence, ou à une pompe entièrement circulaire, une manche en cuir et une pomme d'arrosoir comme celle de la *figure* 7, on pourra s'en servir comme d'arrosoir.

Articulations.

Jointures de deux leviers, qui les rendent susceptibles de se plier dans cet endroit. Elles peuvent se fabriquer de manière à se resserrer lorsque l'usure les a dégradées.

Ascension.

L'ascension de l'eau dans les corps de pompe peut être le produit de deux causes différentes : de l'aspiration, et alors elle est subordonnée à la pression atmosphérique; du refoulement, et alors elle ne dépend plus que de l'intensité de la puissance motrice : elle peut être aussi le résultat de ces causes agissant simultanément.

Aspiration.

Effet par lequel on produit la soustraction de l'air, en tout ou en partie. L'air étant un corps pesant, le mot aspiration ne convient qu'à ceux qui ne peuvent se rendre raison de la pression extérieure de l'atmosphère, qui s'exerce à l'extérieur d'un tube quelconque lorsqu'on soustrait l'air qu'il contient. C'est le défaut d'équilibre qui presse le liquide dans l'espace vidé d'air et qui ne participe plus avec la pression de l'atmosphère.

Atmosphère.

Masse d'air qui enveloppe la terre, qui presse tous les corps qui sont à sa surface, soit solides, soit liquides. La force de l'atmosphère est égale à 7 kilog. (14 livres) sur une surface égale à 7 centimètres 35 millimètres carrés (1 pouce carré).

Aval. Voyez *Amont.*

Si la pression de l'air ou de l'atmosphère était appliquée à nos corps autrement que par l'intervention du fluide dans lequel nous respirons, il deviendrait absolument impossible que les mouvements des parties du corps qui constituent la vie pussent avoir lieu ; le mécanisme le plus faible et le plus fragile de ses organes ne pouvant manquer d'être détruit. Mais par cette admirable propriété de la distribution égale de la pression fluide, non-seulement nous pouvons supporter le poids de 13,598 kilogrammes (27,494 livres) de la pression atmosphérique, sans la sentir ; mais cette pression peut être doublée en plongeant le corps à 12 mètres (37 pieds) sous l'eau dans une cloche à plongeur, sans qu'aucun des nerfs qui sont sur le corps soit fatigué par cette énorme pression.

Balancier.

CM, *fig.* 38. Verge de fer rigide, plus ou moins longue, et qui sert à mettre en mouvement les tiges de piston des pompes; on les charge ordinairement d'un poids tel que C, dont le but est d'entretenir le mouvement et la puissance motrice. Leur forme et leur mode d'application varient à l'infini.

Baromètre.

Les influences qu'éprouve le mercure des baromètres sont relatives à celles que subit l'eau dans les corps de pompe; et quand une pompe agit dans les grandes limites, s'il arrivait qu'elle ne fournit pas d'eau, qu'on consulte le baromètre, et si le niveau du mercure est bas, c'est que celui de l'eau dans le corps de pompe est pareillement bas, à cette différence près, que quand le mercure varie par lignes, l'eau varie par pieds. (*Voyez* ce que nous en avons dit page 64.)

Baryte.

Le muriate de baryte est employé pour reconnaître la présence des sels calcaires, que souvent contiennent les eaux de puits.

Bassins, Réservoirs.

Quand des bassins ou des réservoirs communiquent entre eux par des tubes, des canaux, etc., l'eau ou un liquide quelconque répandu dans l'un d'eux prendra un même niveau dans les autres, quelles que soient leurs formes et leurs capacités.

Quand les liquides sont de différentes espèces, de différentes densités, les niveaux sont relatifs à leur volume et à leur pesanteur propre.

La pression des liquides contre les parois des vases ouverts se distribue également, même lorsque ces vases sont sphériques, car elle agit comme la masse multipliée par la hauteur de la colonne d'eau supérieure.

Quand les vases sont bouchés, la pression exercée sur le liquide avec une puissance quelconque se distribue uniformément sur leurs parois intérieures (*voyez* p. 93). Il faut en déduire la pression exercée par la pesanteur propre du liquide relative à sa hauteur.

Ciment romain.

La Société d'encouragement pour l'industrie nationale, de l'an XII, faisait un pompeux éloge du ciment romain; elle le déclarait le meilleur agent qu'on pût employer pour réunir les tuyaux de fontaines, et même la meilleure matière dont on pût en composer; elle fait connaître avec étendue l'utilité des ciments romains, la méthode à suivre pour déterminer quelle espèce de pierre est propre à fabriquer ce ciment, comment il faut s'y prendre pour brûler les pierres, les broyer, les moudre; elle donne aussi une instruction pour l'employer. Il est d'autant plus important de s'y conformer, que tous les ouvriers qui s'en éloignent perdent à la fois leur temps et leur ciment. Voici les principales règles à suivre : prendre une auge bien propre, de l'eau bien limpide, du sable bien nettoyé de terre d'alluvion ou toute autre matière étrangère, mesurer un litre ou deux de ciment, y mélanger un litre de sable, prendre une mesure d'eau représentant à peu près un demi-litre, plus ou moins selon la force du ciment, et une fois arrivé à une gâchée formant une pâte molle comme un bon mortier ordinaire, on doit continuer ainsi et non verser à plusieurs reprises et au hasard, comme font beaucoup d'ouvriers. Il ne faut gâcher que ce qu'on peut employer de suite, sans cela le ciment durcirait et il faudrait le jeter comme inutile. Tout ce qu'on vient de lire s'applique parfaitement au ciment romain de Pouilly, de Vassy et autres, qui ont été récemment découverts, et qui sont supérieurs à celui découvert il y a 30 ans par Smith.

Les ciments de Pouilly et de Vassy peuvent s'employer parfaitement dans la construction des bassins ou réservoirs, soit qu'on les coule en planches plates ou cylindriques, soit qu'on bâtisse les bassins en pierre ou brique enduites avec ces ciments; le succès dépend entièrement de l'emploi et de la qualité du ciment. J'en ai employé sortant du même tonneau, avec le même sable et gâché par le même ouvrier, qui a été bon ou mauvais, suivant que je me trouvais là ou que je n'y étais pas, parce que les ouvriers les plus maladroits sont aussi ceux qui suivent le moins les instructions qu'on leur donne. Il est essentiel de garder le ciment romain dans un lieu sec et de ne pas le poser sur terre, car sans cela il absorberait assez d'humidité pour se convertir en pierre dans le sac qui le contiendrait.

L'enduit en bon ciment romain doit être placé sur de la pierre ou de la brique bien cuite; il durcit à l'eau. Il a une telle force, qu'une heure après la construction d'un bassin on peut y mettre l'eau. Il ne réussit pas avec la brique mal cuite, il l'emporte. Il faut avoir soin de bien garnir la brique de mortier à chaux, mais de n'en pas mettre sur les bords qui doivent être renduits, parce que le mortier empêchant l'adhérence du ciment à la pierre et à la brique, le renduit tomberait à la première gelée. Il ne faut pas l'employer en plein soleil et choisir même de préférence un temps pluvieux; si le bassin est construit au soleil, il faut couvrir le renduit jusqu'à ce qu'il soit sec, c'est-à-dire pendant deux ou trois jours, et même l'arroser avec un arrosoir à pomme ou une petite pompe à pomme ; c'est un moyen excellent pour l'empêcher de gercer. Quand on a pris ces précautions et qu'on a employé de bon sable, il acquiert promptement la dureté de la pierre. J'ai fait avec celui de Pouilly des bassins en brique qui contiennent l'eau pendant un certain temps, mais elle finissait par disparaître au travers des pores de la brique dans les parties qui n'étaient pas renduites. La meilleure construction est sans contredit celle en silex et ciment, mélangé de moitié sable bien lavé.

Le ciment pur est excellent pour faire le scellement des pierres plates dont on veut faire des bassins ou réservoirs ; il faut alors bien mouiller la pierre et gâcher le ciment un peu mou, mais que sa mollesse provienne plutôt du mouvement auquel on l'a soumis en le gâchant, que de la quantité d'eau.

Il est moins bon pour sceller les robinets que le mastic des fontainiers.

Boîte à cuir.

On surmonte souvent les fonds supérieurs des pompes à double effet et à un seul cylindre, dans la partie qui donne passage à la tige, d'une boîte à cuir dont l'objet est de s'opposer aux suintements de l'eau.

Boulons.

Les boulons sont des vis qui portent une tête et une queue vissée. On en fait usage pour lier entre elles plusieurs pièces du mécanisme des pompes, et particulièrement les collerettes et les fonds des tubes de conduits.

La tête des boulons, offrant une certaine surface, doit toujours s'appliquer contre celle des deux parties serrées qui offre le moins de résistance.

Quand des ajustages de tubes laissent suinter de l'eau, et qu'en même temps ils sont dans le cas de supporter, de la part du liquide, une grande pression, on ne doit serrer les boulons que quand l'écoulement a cessé, afin de pouvoir le faire uniformément et éviter ainsi qu'un seul, en supportant toute la pression de l'eau, ne puisse par cela même se rompre.

Lorsque le boulon est à écrou et surtout à écrou à oreille, il est bien meilleur de faire cet écrou en métal qu'en fer, parce que le fer se rouillant promptement, l'écrou en fer devient tellement dur qu'on le casse souvent en le dévissant. L'occidation du cuivre étant moins considérable, l'écrou reste plus facilement mobile.

Boyau, Manche de cuir.

Nom qu'on donne aux manches du cuir adaptées aux pompes à incendie. Elles sont garnies intérieurement de diaphragmes, suivant les fonctions qu'elles remplissent. (Voyez *Diaphragme*.)

Ces boyaux doivent être visités souvent et entretenus avec un corps gras, dans un état de souplesse sans lequel ils seraient difficiles à manœuvrer, et sans lequel ils creveraient presque toujours sous l'effort de la pression.

On a essayé de remplacer les tuyaux de cuir par des toiles imperméables, mais cela ne réussit que pour les pompes de jardin où on laisse le tuyau placé horizontalement sur la terre ou sur du gazon.

Bringuebale.

Levier qui sert à faire agir la tige du piston des pompes.

De même que les leviers, les bringuebales des pompes peuvent avoir leur point d'appui entre la puissance motrice et la résistance à vaincre, et ils se rapportent alors au levier de la première espèce (*fig.* 42). R est la résistance, P la puissance, A le point d'appui.

Quand les distances R A et A P sont les mêmes, et en supposant la puissance et la résistance égales, elles se font équilibre.

Mais si R A est moitié de AP, P entraîne R; et si cette puissance P était la moitié de la résistance, elle lui ferait équilibre. Si AP est triple de AR, P pourra faire équilibre à une résistance triple; et en général, autant de fois AR sera contenu dans A P, autant de fois la résistance R pourra s'augmenter, sans cesser d'être en équilibre avec la puissance P. Ce levier est celui dont on fait usage le plus souvent.

Le levier de la seconde espèce est représenté *fig.* 43. La résistance est placée entre le point d'appui et la puissance, et ces deux forces sont opposées. Alors la puissance agit de bas en haut, et la résistance, de haut en bas. Ce levier se rapporte entièrement au premier; car, que la résistance cède ou ne cède pas, les pressions exercées au point R et sur l'appui A seront égales; et, dans ce cas, on peut supposer que la résistance soit le point d'appui, et le point d'appui la résistance.

Le levier de la troisième espèce, *fig.* 44, est peu usité. La puissance P est entre la résistance et le point d'appui; on conçoit que quelle que soit la distance de P au point A, dès qu'elle est moindre que A R, elle ne saurait faire équilibre à la résistance R.

En général, si au moyen des leviers on gagne en force, on perd en vitesse; et quelle que soit la forme, coudée, brisée ou circulaire, elle n'influe en rien sur les effets de puissance, car on ne doit considérer que la distance, en ligne directe, de la puissance à la résistance et au point d'appui.

Capillaires.

Tubes infiniment petits quant à leur diamètre intérieur. (*Voyez* ce que nous avons dit page 76.)

Céruse.

Le mélange de la céruse et de l'huile forme une pâte propre à enduire le papier qu'on interpose entre les collerettes des boîtes des pompes circulaires et leurs fonds.

Chambre. Voyez *Alléser*.

Chapelet.

Pompe à chapelet (*voyez* page 110). Le mouvement qui les met en fonction est circulaire et continu; il se transmet par une chaîne ou chapelet. (*Voyez* page 107).

Charbon.

Le charbon pilé a la propriété de s'emparer des substances animales contenues dans les eaux corrompues, et c'est pour cela qu'on en place au-dessus des filtres.

Les propriétés désinfectantes du charbon sont telles, qu'il suffit à lui seul pour faire d'excellentes fontaines dépuratoires. Il faut pour cela en concasser une certaine quantité qu'on place dans le fond d'un vase quelconque, avec une poignée de paille devant l'orifice ou la cannelle; 6 à 7 centimètres (2 pouces 3 lignes à 2 pouces 7 lignes) suffisent. Il faut aussi en mettre autant de bien pilé et bien lavé, et ce vase deviendra une très-bonne fontaine filtrante.

Cheval.

On a souvent lieu d'appliquer la puissance motrice des

machines à vapeur aux pompes à eau, et comme dans ces machines la puissance dont elles sont capables s'estime par le nombre de chevaux dont elles représentent le travail, il ne sera pas inutile de connaître quelle est la valeur d'une pareille puissance.

Les Anglais et les Américains, chez qui les machines à vapeur ont été le plus souvent mises en usage, ont estimé qu'un cheval, travaillant huit heures par jour, était capable d'élever un poids de 75 kilog. 425 grammes (150 liv.) à 4,287 mètres 88 centim. (13,200 pieds) de hauteur pendant une heure, ce qui est égal à 71 mètres 46 centim. (220 pieds) par minute, ou encore à 1 mètre (5,6 pieds) par seconde. Connaissant donc la force nécessaire pour faire agir une pompe par la méthode que nous avons indiquée dans l'ouvrage, il sera facile de trouver quelle puissance de chevaux doit avoir la machine à vapeur pour la mettre en fonctions.

La force d'un homme est le cinquième de celle d'un cheval.

Chopines.

Pièces à soupapes qu'on place au bas des corps de pompe, et qui servent à retenir l'eau dans les mouvements descendants du piston. K, *fig.* 17, est une chopine. Elles servent aussi à maintenir la pompe pleine d'eau quand elles ne sont plus en fonctions.

Circulaire.

Les pompes entièrement circulaires ont l'avantage de n'avoir point d'alternatives dans leurs fonctions, et d'être mues par un mouvement de rotation qui est le plus favorable à la communication de la puissance motrice.

Citerne.

Réservoirs souterrains destinés à recevoir l'eau de pluie.

Clapet. Voyez *Soupape.*

Clépsydre.

Horloge des anciens, qui se composait de deux vases réunis et communiquant entre eux par un petit orifice ; le temps se mesurait par l'intervalle qu'une certaine quantité d'eau mettait à passer alternativement de l'un dans l'autre. Les inégalités de température devaient les faire varier beaucoup en égard à la dilatation de l'eau. Plus tard on a remplacé l'eau par du sable.

Cloison.

Obstacle nécessaire dans les pompes circulaires pour présenter au liquide un appui quelconque, et l'obliger de se refouler par le haut, et de se reproduire par le bas. (*Voyez* page 123.)

Collerette, Collet.

Prolongements du métal des tubes, ou corps de pompe qui reçoivent l'application des boulons ; ils doivent être d'une résistance proportionnée à celle des tubes : on les fabrique ordinairement de la même épaisseur.

Communication du mouvement.

La *fig.* 32 représente le moyen le plus simple et le plus usité par lequel on communique la puissance à la tige du piston ; c'est un levier de la première ou deuxième espèce ; il est bien évident que, suivant la direction plus ou moins oblique de ce levier, qu'on nomme bringuebale, la force motrice est plus ou moins divisée, et qu'en outre l'extrémité **A** décrit une portion de cercle dont le point d'appui **B** est le centre. Il résulte de ce mouvement circulaire du point **A**, que les tiges des pistons, si elles sont rigides, ne sauraient obéir sans se briser, puisque dans ce cas elles ne doivent fournir qu'un mouvement parallèle au corps de pompe.

Alors on les fabrique avec deux articulations, *fig.* 33 et 35 en A et B. Cette disposition ne diminue pas les pertes de puissance motrice dues aux inclinaisons diverses de la bringuebale, mais elle s'accorde avec le mouvement oblique que suivent les tiges relativement aux pistons.

On transmet aussi la puissance motrice au moyen d'un système semblable à celui de la *fig.* 35. La tige du piston est fabriquée à crémaillère, et elle engrène avec un secteur de cercle correspondant à un levier dont le point d'appui est en B. Ce point d'appui est le centre du secteur. Il résulte de cette construction, que la tige du piston peut ne pas être articulée comme la précédente.

Dans la *fig.* 36 on a remplacé l'engrenage par deux chaînes qui communiquent la puissance au piston, c'est-à-dire à sa tige. La chaîne A B s'arrête en B, s'appuie sur la surface circulaire du secteur, et va se fixer ensuite en A : la chaîne B' A' s'arrête en B' et A'. Le jeu de cet appareil est trop simple pour mériter une explication détaillée.

Dans la *fig.* 38, le mouvement du balancier M C se communique aux deux secteurs BA, B'A'. Les deux parties circulaires peuvent être dentées ou construites convenablement pour recevoir l'application des chaînes.

Fig. 37. Autre moyen de communication par une poulie et un levier fendu.

Fig. 39. Application du volant au mouvement rectiligne. T I, tige du piston de la pompe ; T L, bièle de communication ; elle est articulée en T et en L sur un rayon du volant ; la puissance s'applique en P.

Il serait vraiment impossible de reproduire dans des limites aussi étroites tous les moyens de communication qui ont été mis en usage ; mais la plupart se fondent presque tous sur ceux que nous venons de développer.

Compressibilité.

L'eau avait été regardée pendant longtemps comme un corps incompressible; mais MM. OErsedt et Perkins sont parvenus à la comprimer sous une pression de 1000 atmosphères à 0,065 de son volume primitif : ces messieurs soupçonnent qu'en général tous les liquides sont compressibles en raison inverse de leur densité.

Compression.

On appelle pompes de compression, les petites pompes foulantes dont on se sert pour refouler de l'eau ou du gaz dans une capacité bouchée ou dans un liquide quelconque. Ainsi, en refoulant du gaz acide carbonique dans l'eau, on parvient à lui donner une qualité gazeuse dont on fait usage en médecine.

Concentrique.

La pompe de Dietz, la pompe *fig.* 49, sont des pompes concentriques.

Conduits, tuyaux. Voyez page 75.

Conique.

La forme conique ou évasée est celle qui offre le plus de solidité pour les bassins ou réservoirs. Nous avons dit, à l'article *presse hydraulique,* que l'expression de la puissance exercée par l'eau sur le fond d'un bassin , était égale à la surface de la base multipliée par la hauteur.

Contraction et dilatation.

Presque toutes les substances solides ou fluides se contractent par l'effet du froid, et se dilatent par la chaleur : il en est de même des métaux; et lorsqu'ils ne supportent point

de charge ou d'effort, ces effets se compensent réciproquement. Les tubes de conduit, soumis à ces accidents par le
contact de l'eau, se creveraient s'ils n'étaient pas fabriqués
et installés de manière à obéir aux différences de longueur
qui en sont la suite.

Corps de pompe.

C'est la partie comprise depuis celle que parcourt le piston, inclusivement, jusqu'à celle où se place la chopine.

On appelle chopine une pièce à soupape qu'on place au
bas d'un corps de pompe et qui sert à retenir l'eau dans les
mouvements descendants du piston. K, *fig.* 17, est une chopine.

Course des pistons.

C'est la partie des corps de pompe que parcourent les pistons, c'est aussi celle qu'il importe de fabriquer le plus régu-
lièrement. A chaque course, les pistons enlèvent, à peu de
chose près, une quantité d'eau égale à leur base multipliée
par la longueur de la course du piston.

Cuir.

Il est employé comme garniture des pistons ; on l'interpose entre les parties serrées pour opposer un obstacle aux
suintements de l'eau ; on en fabrique aussi des manches ou
boyaux d'incendie ; mais il ne saurait nullement supporter
la chaleur.

Cuivre.

Ce métal est fréquemment mis en usage pour la fabrication des mécanismes de pompe ; lorsqu'il est destiné à former
une capacité ou un vase quelconque, on l'emploie sans alliage ; mais pour les pistons, soupapes, ajutages, etc., on
emploie le laiton.

Mécanicien-Fontainier.   15

Le laiton est un alliage de 80 à 60 parties de cuivre rouge sur 20 à 40 parties de zinc.

Il est jaune, très-malléable et ductile à froid, à chaud il se rompt facilement; il se travaille avec la plus grande facilité.

En contact avec le fer et en même temps avec l'eau, il donne lieu à une prompte dégradation de la part du fer; cet effet est dû à l'électricité différente qu'acquièrent ces deux métaux quand ils se touchent, électricité d'autant plus énergique qu'elle s'aiguise par le contact de l'eau; ces effets sont relatifs à ceux de la pile de Volta.

Le fer, relativement au cuivre, acquiert l'électricité vitrée ou positive; c'est celle qui le rend propre à s'emparer de l'oxigène de l'eau, et qui, par conséquent, entraîne sa propre oxidation.

Le cuivre attire l'hydrogène par l'effet de l'électricité résineuse ou positive qu'il acquiert par rapport au fer.

Ainsi donc il convient, autant que possible, de n'employer dans la construction des pompes en métal, que des métaux de la même espèce.

Décalitre.

Valeur de dix litres.

Décomposition de l'eau.

On obtient la décomposition de l'eau au moyen du fer et d'une forte chaleur. Cette expérience est due à Lavoisier. Après avoir mis dans un tube de porcelaine des morceaux de tournure de fer, il le fit rougir, et fit entrer, dans sa capacité intérieure de l'eau goutte à goutte; ce tube était installé pour recueillir et l'eau qui avait échappé à la décomposition et le gaz résultant. Ensuite, en pesant la tournure de fer qui s'était oxidée, il s'aperçut qu'elle avait augmenté

de poids. Réunissant cette quantité au poids du gaz hydrogène qui fut recueilli, et à l'eau non décomposée, il trouva
un poids égal à l'eau injectée.

Dégorgeoir.

Tube attenant au corps de pompe par où l'eau s'écoule
après avoir été aspirée ou refoulée par l'effet du piston. Il
peut y en avoir plusieurs sur le même corps, selon la hauteur
à laquelle on veut prendre l'eau; il faut seulement que le plus
bas ou les plus bas puissent fermer hermétiquement pour
forcer l'eau à monter jusqu'au plus élevé. Dans ce cas, les
dégorgeoirs inférieurs se ferment avec des cannelles, et le corps
de pompe devient par rapport à eux une espèce de réservoir
où l'on puise en tournant le robinet.

Densité.

Le maximum de densité de l'eau est à $+ 4^o$ centigrades;
au-dessus et au-dessous de ce degré, elle occupe un volume
plus grand.

Diaphragme.

Anneaux de métal que l'on place dans l'intérieur des
manches en cuir, lorsqu'elles sont employées à aspirer
l'eau; ils sont destinés à s'opposer à l'aplatissement du tube
par l'effet de la pression atmosphérique.

Dilatation. Voyez *Contraction.*

Ductilité.

Qualité du métal qui le rend propre à s'étendre et à se
plier dans tous les sens sous les coups de marteau.

Dynamique.

On entend par unité dynamique, 1 mètre cube (29 pieds

300 pouces cubes) d'eau élevé à 1 mètre (3 pieds 11 lignes)
de hauteur dans un temps donné.

Eau.

Nous avons indiqué les moyens qu'on emploie pour reconnaître quelles sont les qualités de l'eau qu'on veut employer ; mais ces moyens doivent s'accorder avec ceux par
lesquels on juge de sa transparence, de sa limpidité ; on doit
la goûter avec soin , l'éprouver par l'odorat et même par le
toucher. On doit s'assurer de sa pesanteur au moyen du pèse-
liqueur, etc. Les livres de chimie indiquent tous les moyens
par lesquels on parvient à reconnaître les diverses qualités
de l'eau ; elles sont indifférentes à notre objet, puisqu'on
peut être dans le cas d'élever des eaux de quelque espèce
qu'elles soient, quand même elles seraient applicables à d'autres usages que celui de notre boisson ordinaire.

Écrou.

Pièce de métal d'une forme carrée ou octogonale , percée
au milieu d'une ouverture taraudée , destinée à recevoir la
partie vissée des boulons.

Écrouir.

Battre le métal à froid pour le rendre plus dense et lui
donner plus de ressort.

Le cuivre jaune écroui fournit d'excellents ressorts , qui
s'altèrent peu dans l'eau ; on peut donc les employer avec
avantage dans la construction de la pompe circulaire à noyau
excentrique.

Engrener. Voyez *Allumer* , etc.

Equilibre des liquides.

Si dans un tube recourbé comme un siphon , vous versez

un liquide quelconque, le niveau s'établira de part et d'autre à la même hauteur; si vous versez d'un côté du mercure, dans l'autre branche de l'eau, 758 millimètres (28 pouces) de mercure feront équilibre à 10 mètres 40 centim. (32 pieds) d'eau.

Tout corps qui flotte déplace une quantité d'eau égale à son poids.

Un liquide abandonné dans une capacité quelconque, prend un niveau horizontal, et ce même liquide pressera inégalement les parois du vase, suivant la hauteur de la paroi relativement au niveau supérieur.

Les fonds du vase supporteront un effort égal à la base par la hauteur, quel que soit l'évasement des parois latérales.

Étuis.

On place quelquefois dans les pompes en bois des étuis de métal qui sont destinés à servir de course au piston; comme c'est la partie qui se dégrade le plus promptement à cause du frottement qu'elle éprouve de la part du piston, c'est aussi celle qui demande à être le mieux fabriquée; d'ailleurs la forme du reste de la pompe est indifférente (aux effets de la presse hydraulique près).

Excentrique.

Pompe à excentrique : on évite par cette disposition l'emploi d'une cloison fixe ou mobile. (*Voyez* ce que nous en avons dit.)

Explosion.

Si on bouche le sommet du tube supérieur d'une pompe aspirante et foulante, et qu'on continue à pomper, en supposant que la pompe soit allumée, l'air se comprimera dans le tube supérieur, jusqu'à ce qu'il ait acquis assez de res—

sort pour faire éclater le tube, ou pousser avec force le bouchon. Nous sommes parvenu, par ce moyen, avec une faible puissance et une pompe à excentrique, à obtenir des effets prodigieux.

Filtre.

C'est avec le secours des pierres poreuses qu'on parvient à débarrasser l'eau des matières terreuses ou des sédiments qu'elle tient en suspension. Les détriments de pierre calcaire, placés au-dessus d'une surface, tamisés, remplissent le même but. Le papier joseph convient lorsqu'on opère sur de petites quantités.

Flèche.

Nom qu'on donne à la barre de fer **M C**, *fig.* 38, et qui remplit les fonctions de balancier.

Fontaines.

Réservoir naturel ou pratiqué de mains d'homme, capacité quelconque, ou corps d'architecture qui sert à l'écoulement des eaux ; il se dit aussi du robinet par où coule l'eau d'une fontaine.

Foulante.

Les pompes foulantes sont celles qui, après avoir aspiré l'eau, la refoulent ensuite par des tubes adaptés au corps principal de la pompe. L'effet d'aspiration est subordonné à la pression atmosphérique ; l'effet refoulant en est indépendant : il n'a d'autre limite que celle de la force motrice employée.

Franchir.

Franchir une pompe, c'est la vider entièrement. Franchir un réservoir, une source, un navire, c'est également vider l'eau que ces capacités peuvent contenir. On dit qu'une pompe est capable de franchir une source ou une voie d'eau lorsqu'elle peut en émettre plus qu'ils ne peuvent en fournir.

Gelée.

Nous avons dit que les effets résultant de la gelée, et qui font passer l'eau de l'état liquide à l'état solide, lui donnent aussi un volume plus grand d'un quatorzième. Il en résulte que les tubes de conduits doivent être susceptibles de céder à cette augmentation de volume.

Dans les tubes bouchés, la force expansive de l'eau passant à l'état de glace, est capable de triompher des plus grands obstacles. Nous avons bien dit qu'en plaçant les tubes de conduits assez en dessous du sol pour leur conserver la température des caves, on peut prévenir cet effet; mais ceux qui sont exposés à l'air sont aussi exposés aux accidents résultant de la gelée, d'autant plus que, si la glace se produit d'abord aux extrémités des tuyaux, elle les bouche et s'oppose ensuite à l'expansion de la glace intermédiaire.

Ces accidents donnent lieu à de fréquentes et coûteuses réparations, et ne peuvent se prévoir qu'en vidant les tubes avant que la gelée ne les ait attaqués. Ils s'ajoutent ensuite à la contraction qu'éprouve le métal par l'effet d'un abaissement de température.

Grains.

Défauts du métal, communs au fer.

Il arrive souvent que les frottements multipliés des pistons dans les cylindres ou corps de pompe, produisent contre leurs parois intérieures des cannelures longitudinales qui donnent lieu à des pertes d'eau assez notables. Ces accidents nuisibles sont dus à la position constante du piston dans sa course, à la différence d'effet qui existe entre le corps frottant et le corps frotté, et le plus souvent à des corps étrangers qui viennent se fixer dans les garnitures des pistons.

Pour prévenir ces accidents, on garnit les tubes aspirateurs d'une trémie métallique telle que Z, *fig.* 55, destinée à arrêter les corps étrangers que la pompe tend à aspirer, et on évite également de faire appuyer ces tubes sur le fond même des réservoirs ou des sources.

Ces corps étrangers ne sauraient s'attacher semblablement aux pistons qui sont entièrement en métal, mais ces derniers sont affectés d'autres inconvénients aussi préjudiciables.

Tous les ouvriers en métaux savent combien il est difficile d'obtenir des masses de fer, quelque minimes qu'elles soient, dont toutes les parties soient parfaitement homogènes ; ces accidents de la matière qui constitue le fer sont aussi à craindre dans la construction des pompes que dans celle de presque toutes les machines qui demandent de la précision dans l'exécution.

Les grains plus communs au fer qu'à tout autre métal, peuvent être cachés d'abord et se montrer dans l'usage : ils résistent ordinairement à toutes les opérations qu'on fait subir à ce métal pour lui ôter son aigreur et lui donner le degré de malléabilité qui lui permet d'obéir ensuite à toutes les formes que l'adresse de l'homme veut lui donner. Ils sont tellement durs quelquefois, qu'ils résistent au burin et à la lime. Alors, que ce soient les pistons qui en contiennent, ou que ce soient les cylindres ou corps de pompe, ils font eux-mêmes l'office de burins, et dégradent promptement la partie soumise à leur frottement.

On doit donc se hâter d'aviser au remplacement de la partie défectueuse avant qu'elle ait produit la dégradation entière des deux à la fois.

Heuse.

Le piston des pompes, garni de ses clapets ou soupapes, s'appelle heuse.

Hydrogène.

Un des deux corps simples qui constituent l'eau ; il y entre dans la proportion de deux parties en volume sur une partie d'oxigène. Il ne se réunit à l'oxigène, pour former de l'eau, que sous certaines conditions. Ils se séparent par l'effet de l'électricité, et l'hydrogène s'attache principalement à celui des deux métaux qui, par son contact avec l'autre, donne lieu à un développement d'électricité, et conserve l'électricité résineuse ou négative.

Inertie.

Propriété qu'ont les corps de rester d'eux-mêmes dans leur état de repos ou de mouvement, jusqu'à ce qu'une cause étrangère les en retire.

Injection.

Les pompes à injection, propres aux machines à vapeur, sont semblables à celle qui a été dessinée *fig.* 21.

Jauge.

Les fontainiers se servent d'une boîte qui, sur les parois latérales, porte plusieurs ouvertures inégalement élevées relativement aux fonds. Connaissant la quantité d'eau que contient la capacité avant qu'elle ne s'écoule par la première, seconde, troisième, etc., ouverture, il leur devient facile de mesurer le produit d'une fontaine dans un temps donné. Cette boîte s'appelle jauge.

Kilolitre.

Mesure équivalente à mille litres ; mètre cube d'eau distillée, grande unité dynamique.

Laiton. Voyez *Cuivre.*

Laminoir.

Mécanique dont les pièces principales sont deux cylindres en métal qui tournent en sens contraire l'un de l'autre, et qui sont susceptibles de se rapprocher plus ou moins, suivant l'épaisseur qu'on veut donner au métal.

En passant les feuilles de métal entre ces cylindres, elles acquièrent une épaisseur uniforme par une compression toujours égale.

On lamine également les tubes de plomb en les passant à la filière et en plaçant dans leur canal intérieur un mandrin du même calibre que celui qu'on veut conserver au tube.

Lance.

On appelle lance de pompier le tube conique X, *fig. 1 bis*, qui termine les manches à incendie.

Leviers. Voyez *Bringuebale.*

Liquéfaction.

Changement qu'éprouvent les corps solides par une certaine addition de calorique.

Si on augmente encore la quantité de calorique, plusieurs corps solides, mais particulièrement ceux qui sont liquides à la température ordinaire de l'atmosphère, se transforment plus ou moins promptement en gaz ou vapeurs aériformes et élastiques. Cet effet sera plus prompt si on déprime la surface des corps devenus liquides de la pesanteur atmosphérique.

Degrés de fusion ou de liquéfaction de quelques substances particulières.

Nom des substances.	Degrés du thermomètre centigrade auxquels ils entrent en fusion.
Le suif.	35°
La cire.	68°
Le soufre.	172°
L'étain.	210°
Le bismuth	256°
Le plomb.	260°
Le zinc.	370°
Cuivre jaune.	2095°
Cuivre rouge.	2326°
L'argent	2602°
L'or.	2894°
Le fer.	9500°

On hâte la liquéfaction des métaux par des alliages, et cette propriété devient utile pour la soudure des métaux. (Voyez *Soudure.*)

Litre.

Cette mesure est égale à un décimètre cube d'eau distillée, prise à 4° centigrades de température (*maximum* de densité); elle est égale au poids d'un kilogramme.

Longe ou lanière.

Nom que les pompiers donnent à une bande de cuir dont on entoure les manches à incendie lorsqu'elles sont percées.

Malléable. Voyez *Ductile.*

Manivelles.

Les manivelles qui sont destinées à faire mouvoir l'axe de

rotation des pompes circulaires se rapportent entièrement aux leviers coudés ; ainsi, voyez ce que nous en avons dit à cet article.

Mastics.

9 parties de brique pilée et bien fine.

1 partie de litharge, protoxide de plomb.

On mélange, et on humecte avec de l'huile de lin. Ce mastic est propre à arrêter les infiltrations d'eau ; il est très-dur, raie le fer. Il ne devient solide qu'au bout de cinq ou six jours.

Le mastic composé avec du brai ou de la résine et de la brique pilée en plus ou moins grande quantité et de la cire, est fréquemment mis en usage pour sceller les tubes de conduits en terre cuite.

Ménisque.

Nom affecté à la forme sphérique convexe ou concave, qui termine la colonne de mercure dans les baromètres, ou les colonnes de liquide dans les tubes capillaires.

Mètre.

Dix-millionième partie du quart du méridien ; unité de mesure des Français.

Modérateur.

Le volant est un modérateur, et proprement dit un réservoir de forces vives. On peut obtenir un modérateur d'une espèce toute nouvelle, et que nous ne relaterons ici que parce que nous pensons qu'il peut s'appliquer à plusieurs mécanismes particuliers ; il s'obtient au moyen de l'eau ou d'un liquide quelconque plus visqueux.

AB (*fig.* 67) est un cylindre dans lequel circule de haut en bas une rondelle CD attenante à une tige ; ces pièces sont en laiton, et la rondelle CD est ajustée dans le cylindre de manière à glisser sans frottement : sa course peut être réglée par un fond qui s'appliquera sur AE.

Maintenant, supposons que la tige soit sollicitée suivant la flèche, c'est-à-dire de bas en haut, alors l'air supérieur à la rondelle sera obligé de passer en dessous, ou bien cette rondelle sera obligée de soulever un poids égal à celui de la colonne atmosphérique supérieure. Toutefois, comme pour obtenir un frottement uniforme, ou plutôt une course sans frottement, on a donné un peu de jeu à la rondelle CD, l'air pourra s'écouler entre elle et la paroi cylindrique du vase en C et D; mais si on met de l'eau dans l'appareil, et si on augmente la superficie de la rondelle et par conséquent la capacité du cylindre, on pourra obtenir une résistance proportionnée à la colonne d'air supérieure. Dans ce cas, elle ne pourra plus s'élever sans qu'on soit obligé de lui appliquer une forte puissance. Supposons qu'elle ne s'élève pas, alors en perçant à la rondelle plusieurs trous, ou en la rendant plus libre dans le cylindre, son élévation sera proportionnée au temps que le liquide mettra à passer de dessus en dessous la rondelle.

On peut substituer de l'huile à l'eau, ou encore une solution d'hydrochlorate de chaux.

Moteur.

Toute espèce de moteur peut s'appliquer aux pompes. Un courant d'eau peut s'adapter immédiatement à l'axe des pompes rotatives, au moyen d'une roue à aubes mue par ce même courant, dont on peut élever ensuite une portion. On est dans l'obligation de réduire le mouvement alternatif et rectiligne des pompes ordinaires en mouvement circulaire, pour leur appliquer ensuite un courant d'eau, ou bien employer des espèces de pendules à eau qui compliquent beaucoup le mécanisme.

Pistons.

Pièces cylindriques munies de soupapes, et qui sont mises en mouvement par une tige; elles sont ou garnies avec des étoupes, ou avec du cuir, ou bien encore les pistons sont entièrement en métal : les pistons des pompes à incendie ne portent point de soupapes.

L'usure peut être prévue en employant les pistons métalliques, dont on se sert pour les machines à vapeur.

Les *figures* 68 et 69 représentent les diverses parties qui composent le piston métallique, ce sont trois secteurs **A B**, **BC** et **C A** (*fig.* 69), et trois triangles équilatéraux **D**, **E**, **F**, de même épaisseur, qui constituent un système circulaire compris entre deux rondelles, dont une a pu être marquée dans la *figure* 69 : toutes deux sont reproduites, dans la *fig.* 68, par **MN** et **OP**.

Ces trois triangles (*fig.* 69) sont chassés du centre à la circonférence par des ressorts qui, d'un côté, appuient sur la tige du piston, de l'autre, sur un des côtés des triangles; de telle sorte que, quand le contour de ce piston ou le cylindre même vient à presser, ce piston s'élargit à mesure, et remplit un espace qui resterait vide, sans la propriété dont il jouit de s'étendre de lui-même.

Les deux plaques métalliques et parallèles **M N** et **O P** (*fig.* 68) sont d'un diamètre un peu plus petit que celui du système, et servent à en retenir toutes les parties dans une position convenable. On oppose, d'ailleurs, l'un au-dessous de l'autre, deux systèmes semblables, de manière à ne former qu'un seul piston, et à ne pas faire correspondre les intersections d'une des tranches avec celles de l'autre. La *fig.* 68 représente un piston composé de la sorte, et vu dans

une position convenable pour laisser apercevoir la disposition des intersections.

Pneumatique (pompe).

Pompes dont le mécanisme se rapporte à celui des pompes
ordinaires, mais qui sont construites pour agir sur l'air ;
elles demandent, par conséquent, un soin de construction
particulier : elles sont étrangères à notre objet.

Presse hydraulique.

Machine au moyen de laquelle, avec de très-petites puissances, on obtient de grands effets ; son principe a été dé-
veloppé page 92.

Raccordements.

Pièces au moyen desquelles on ajoute bout à bout les tubes
de conduit ou les manches en cuir. (*Fig.* 24, 25, 26, 27, 28,
29 et 30.)

Réaction.

C'est à la réaction d'un courant d'eau arrêté spontanément
dans les tubes, qu'on doit les effets du bélier hydraulique.

Recuit.

Opération par laquelle on donne à l'acier les qualités nécessaires pour l'objet auquel il est destiné ; cette opération
consiste à faire chauffer l'acier après qu'il a été trempé.

Lorsque l'acier vient d'être trempé à son plus haut degré
de force, il est très-cassant, très-dur, et incapable de se
laisser entamer à la lime ni au burin ; les outils même finis,
et qu'on laisserait dans cet état de dureté, ne supporte-
raient pas de grands efforts sans se rompre ni s'émousser
par cassures. Mais le recuit, en leur ôtant un peu de leur
dureté, leur donne aussi des qualités nouvelles. Voici comment se pratique cette opération :

On polit la pièce trempée, et on la fait chauffer de nouveau; peu à peu elle perd de son brillant, et prend une couleur jaune-paille : si on arrête la chauffe à ce point, l'acier a acquis le degré de dureté convenable aux burins, rasoirs, fraises, limes, etc. En continuant le recuit, de jaune qu'il était, il devient plus foncé, passe au jaune roussâtre. L'acier, à ce degré, a acquis la dureté convenable aux pignons de montre, aux couteaux, ciseaux, canifs, etc.

Il passe ensuite au bleu, et c'est cette couleur qui convient aux ressorts, c'est-à-dire, qu'il devient élastique.

Passé cette couleur, il incline à reprendre ses premières qualités d'acier détrempé, et devient tout-à-fait impropre à fournir l'élasticité ou des tranchants durables.

Retardé.

Le mouvement d'un liquide qui s'échappe par jet d'un tube vertical, et de bas en haut, est uniformément retardé.

Remous.

Effet du déplacement d'eau que produit un navire lorsqu'il est animé d'une vitesse quelconque. De cet effet il résulte que, l'eau tendant à remplir le vide que le navire laisse derrière lui, une certaine portion du liquide s'attache au navire, le suit, et c'est encore une des résistances qu'il faut faire entrer dans la résistance totale qu'éprouvent les navires pour s'avancer dans un fluide quelconque.

Nous n'en faisons mention ici, que pour poser deux questions qui peuvent avoir un peu de rapport à notre objet principal.

1º Un tube placé de l'arrière d'un navire de telle sorte que sa longueur fût en dedans du même navire, et son ouverture exposée en dessous du niveau de l'eau, un tube pareil se remplirait-il d'eau, en supposant que le navire soit animé d'une vitesse quelconque?

L'effet du remous, celui naturel de la pression du liquide qu'éprouve la carène dans tous les sens, s'ajouteront-ils pour pousser l'eau avec plus de force dans l'intérieur du tube?

Un piston qui agirait dans le sens favorable pour pousser le liquide en dehors, un piston pareil avec un peu de frotte- ment et sans articulation, d'une surface proportionnée, et animé d'une puissance alternative et égale à celle des ma- chines à vapeur qu'on applique ordinairement aux roues à aubes, offrirait-il un point d'appui capable de remplacer les roues à aubes?

Ne serait-il pas à l'abri du boulet?

Le cylindre ne pourrait-il pas se fermer en dehors par une espèce d'écluse à tiroir et par le piston même?

2° Un tube qui communiquerait avec l'intérieur du navire par l'arrière, et dont l'ouverture contiguë serait placée en dessous de la flottaison; un tube semblable, mais qui se pro- longerait ensuite bien au-delà du remous, par exemple, à vingt brasses, supposons-le aussi en cuir, serait-il suscep- tible d'introduire de l'eau dans le navire?

En supposant que non, ne pourrait-il pas s'installer d'une manière volante, de façon à être mis en place en cas de be- soin seulement?

Quelle serait la vitesse nécessaire pour que l'eau intérieure du navire s'écoulât par ce tube, ou quelle serait la longueur qu'il conviendrait de lui donner pour telle ou telle vitesse (1)?

(1) Un capitaine de navire marchand se trouvait, dit-on, dans les vents alisés avec un bâtiment qui faisait beaucoup d'eau. Ayant com- paré les forces de son équipage avec celles qu'il serait nécessaire d'ap- pliquer aux pompes pour avoir le temps d'arriver à un port, il sentit qu'il lui était de toute impossibilité de l'atteindre, même en supposant

Robinet.

Nous avons dessiné, *fig.* 66, un robinet qui peut établir alternativement la communication de deux tubes différents ; c'est ainsi qu'il doit être fabriqué pour notre bateau sous-marin.

Soudure.

Dans la fabrication des différentes pièces qui entrent dans le mécanisme des pompes, on est souvent dans le cas d'employer les soudures.

Elles sont de plusieurs espèces : les soudures au cuivre rouge, au laiton ; la soudure forte au tiers ; la soudure forte au quart ; l'argent ; la soudure à l'argent et l'étain, sont celles dont on se sert le plus souvent dans les arts. Elles sont fusibles à divers degrés de température, et cette propriété devient utile quand une pièce doit supporter plusieurs soudures successives. Dans ce cas, pour la première soudure, et par conséquent pour le premier coup de feu, on emploie

les chances les plus favorables relativement au temps ou au vent : voici l'opération qu'il tenta, et qui, assure-t-on, lui réussit.

Après avoir mis son bâtiment sur le nez, c'est-à-dire, après l'avoir enfoncé dans l'eau par l'avant, afin d'émerger l'arrière ou du moins une portion de la partie submergée de la carène de derrière, il y perça, le plus bas possible, une ouverture d'un certain diamètre, et y cloua une manche en cuir dont le prolongement devait flotter par l'arrière à une grande distance; cela fait, il remit son bâtiment sur l'arrière dans son assiette ordinaire ; et quand, après plusieurs jours, tout son monde fut exténué, qu'une fin prochaine parut inévitable, il lâcha sa manche en cuir, ainsi clouée, et que d'abord il tenait suspendue par réserve, comme la sauve-garde du gouvernail. Il la lâcha, força de voiles, et, comme il s'y attendait, dès que le niveau de l'eau de la cale eut atteint l'embouchure de la manche, elle s'écoula par elle.

Nous ne donnons cette expérience que comme une tradition, mais comme tradition méritant un essai qui, d'ailleurs avec un canot, serait infiniment peu coûteux.

celle qui n'est pas susceptible de fondre aux coups de feu suivants.

Voici une table qui indique l'ordre de fusibilité des soudures les unes relativement aux autres.

Soudures.	Noms des métaux qui peuvent se souder avec elles sans se fondre.
Cuivre rouge.	Fer.
Cuivre jaune ou laiton. .	Fer, cuivre rouge.
Soudure forte au tiers. .	Fer, cuivre rouge, laiton.
Soudure forte au quart. .	Fer, cuivre rouge, laiton, soudures fortes au tiers.
Argent.	Cuivre rouge, laiton, soudures fortes au tiers, au quart, or.
Soudures à l'argent. . .	Cuivre rouge, et toutes les autres, plus l'or et l'argent.
Étain.	Cuivre, etc., etc.

Soudure des plombiers.

Une partie d'étain, deux de plomb.

Le fer se soude avec lui-même à la température de 7220° centigrades.

Plusieurs matières servent avec avantage pour hâter la fusion des soudures, et faciliter leur adhérence avec les métaux qu'on doit souder ensemble. L'ammoniaque sert pour le fer, le borax mis en poudre et en pâte pour toutes les autres soudures, l'étain et la résine pour l'étain.

Ce dernier métal, lorsqu'il se trouve en contact avec les autres soudures, jouit de la propriété nuisible de s'opposer à leur fusion et à leur adhérence avec les parties qu'on veut joindre; les vapeurs même qui s'élèvent des parcelles de ce métal, répandues dans le foyer, contrarient également leur fusion, et les empêchent de couler à propos.

On facilite la soudure du fer avec lui-même, au moyen du

sable ou du verre pilé, dont on le saupoudre pendant son incandescence.

Pour supporter la soudure, les métaux veulent être décapés avant de recevoir le feu.

Soufflures.

Défauts du métal fondu, qui sont dus à des parcelles d'eau ou d'air, ou à des corps étrangers contenus dans le métal en fusion, ou dans les moules. Ces parcelles d'eau ou d'air, lorsqu'elles sont en contact avec le métal en fusion, se dilatent considérablement, produisent des évènements fâcheux, ou des chambres qui entraînent souvent le rebut de la pièce.

Soupapes.

On les fabrique de différentes manières; elles sont quelquefois plates, convexes ou concaves, ou tout-à-fait sphériques, comme dans le bélier hydraulique. Leur forme peut varier de mille manières différentes, suivant les ouvertures qu'elles sont destinées à boucher, et suivant les tubes ou les pièces qui les contiennent.

Trempe.

Le bon fer, par l'opération de la cémentation, qui consiste à le pénétrer de carbone, devient acier; mais, sans la trempe, ses qualités ne seraient pas supérieures à celles du fer.

Ce procédé consiste à chauffer l'acier jusqu'au rouge, et à le plonger ensuite dans l'eau froide ou dans un liquide quelconque convenablement froid.

La plupart des ingrédients qu'on ajoute à l'eau de la trempe, et dont les ouvriers font ordinairement un mystère, s'ils n'ont pas pour but de donner à l'eau un degré de température plus bas, sont au moins inutiles.

La difficulté consiste à bien connaître le degré de recuit qui convient à tel ou tel objet, à bien égaliser la chauffe sur toute l'étendue de la pièce. (*Voyez Recuit.*)

Enfin, il convient, relativement à la trempe, de ne pas dépasser le rouge-cerise, même de ne pas laisser la pièce exposée à cette chaleur pendant longtemps, parce qu'alors le carbone s'évapore, et l'acier reprend ses premières qualités de fer.

La trempe à paquet des armuriers consiste à exposer au feu, dans de petites boîtes en tôle, pleines de poussier de charbon, les pièces qu'ils veulent tremper ensuite. Après une heure ou deux de chauffe, la surface des pièces s'est un peu imprégnée de carbone, et en les trempant ensuite dans l'eau froide, elles acquièrent, à leur surface seule, les qualités de l'acier. C'est un diminutif de l'opération de la cémentation; mais les surfaces une fois dégradées, le fer intérieur se découvre et les pièces s'usent promptement.

Tube de pito.

Tube qui sert à mesurer l'intensité d'un courant; il se compose d'un tube courbé à angle droit, et dont les deux extrémités sont débouchées. Un des tubes et son ouverture sont exposés à l'action du courant, tandis que le liquide s'élève dans l'autre d'une quantité proportionnée à sa vitesse.

Veine contractée.

Effet que supporte un filet d'eau en passant par un ajutage horizontal et cylindrique. (*Voyez* page 75.)

Volant.

On adapte souvent des volants aux pompes rectilignes et circulaires.

On appelle volant, une roue en fer, pesante, plus ou moins

grande, destinée à continuer aux machines la force motrice pendant les moments où cette force cesse d'agir sur elle. Ces moments correspondent à la direction en ligne droite des leviers droits et coudés, ou encore à la direction diamétralement inverse.

Mais il ne faut pas confondre les propriétés du volant avec celles que lui attribuent quelques ouvriers qui l'appliquent très-souvent à tort; le volant ne doit être considéré que comme un réservoir de force vive, qui en transmet à la machine dans les moments d'inertie, qui les égalise dans d'autres cas; mais il ne saurait engendrer une puissance qu'il n'a pas reçue, et que le frottement de tous les points de sa superficie dans l'air ambiant, de ses tourillons relatifs à sa masse, tendrait incessamment à détruire.

Pour obtenir beaucoup d'effet de l'emploi du volant, il est reconnu qu'il vaut mieux augmenter sa vitesse que sa masse, parce que cette augmentation de vitesse, loin de rendre les frottements des tourillons plus grands, tend au contraire à les diminuer, surtout si on a la bonne précaution de les maintenir lubréfiés.

Relativement aux machines à vapeur, la vitesse qu'on veut appliquer au volant étant connue, voici la règle qu'on suit ordinairement pour trouver le poids qu'il convient de leur affecter : « Multipliez le nombre de chevaux que représente la machine par le nombre constant 2000, et divisez le produit par le carré de la distance, en centimètres, parcourue par un point de la circonférence en une seconde, le quotient sera le nombre de quintaux métriques que doit avoir le volant. »

Si on voulait connaître, par exemple, le poids et la circonférence d'un volant applicable à une machine de 15 chevaux, voulant donner à ce volant un diamètre de 4 mètres (12 pieds), et lui faire décrire 36 révolutions par minute.

Pour trouver la circonférence, on fera cette proportion :

$$7 : 22 :: 12 : x = \frac{22 + 12}{7} = 38$$

La circonférence sera de 12 mètres 35 centimètres (38 pieds), relativement au poids.

Ces 12 mètres 35 centimètres (38 pieds), multipliés par le nombre de révolutions en une minute, c'est-à-dire 36, nous donneront 1368 ; divisant par 60, nous aurons le chemin parcouru en une seconde, ou 22 P,8, dont le carré est 519,84.

Maintenant, en multipliant 2000 par le nombre de chevaux 15, nous aurons 30,000 à diviser par 520, ce qui nous donnera le nombre de quintaux, ou 57 quintaux $\frac{7}{10}$; et comme on connaît toujours la puissance qu'il est nécessaire d'employer pour élever l'eau à une hauteur déterminée, que cette puissance peut se comparer avec la force des chevaux, notre règle pourra servir à déterminer les dimensions et le poids qu'il convient de donner au volant.

Mais les ouvriers doivent bien se pénétrer que l'emploi du volant devient défectueux quand l'égalité de puissance motrice n'est pas nécessaire à leurs travaux ; que, dans ce cas, le mouvement alternatif peut s'appliquer immédiatement à la résistance à vaincre ; mais que, s'ils ont besoin d'un mouvement rectiligne et régulier, ils ne sauraient l'obtenir autrement que par l'usage du volant ; alors la puissance du piston s'appliquera d'abord au volant, par le procédé que nous avons indiqué, ou par tout autre qu'ils trouveront plus simple, et ensuite ils reproduiront le mouvement rectiligne, qui alors sera devenu régulier. Pour le mouvement circulaire et régulier, l'arbre du volant le fournit immédiatement.

TROISIÈME PARTIE.

—

CHAPITRE PREMIER.

DU PLOMB, DU ZINC ET DE LEURS PROPRIÉTÉS.

§ 1er. *Du plomb.*

Le plomb est rangé dans la quatrième section de **M.** Thénard, suivant son affinité pour l'oxigène ; c'est un métal solide, blanc-bleuâtre, brillant ; frotté entre les mains, il leur communique une odeur sensible. C'est l'un des métaux les plus mous ; aussi est-il sans sonorité, et est-il rayé par presque tous les corps, même par l'ongle ; on peut aussi s'en servir pour tracer des caractères sur le papier. Très-malléable, il s'étend plus facilement en lames qu'il ne se tire en fils. Sa tenacité est peu considérable, sa densité de 11,352. On ne l'a point encore obtenu en cristaux bien réguliers.

Après le mercure, le potassium, le sodium, l'étain et le bismuth, c'est le métal le plus fusible ; sa fusion a lieu vers le 260° de chaleur ; il n'est pas sensiblement volatil (1).

Son action, à la température ordinaire, est nulle sur le gaz oxigène et sur l'air sec ; elle est même très-lente alors sur ces deux gaz humides ; il devient terne dans son contact avec le premier, et la surface se recouvre peu à peu d'une très-légère couche d'oxide ; dans son contact avec le second, l'oxide qui se forme, passe insensiblement à l'état de carbo-

---

(1) On trouvera dans le *Manuel de Chimie*, qui fait partie de *l'Encyclopédie-Roret*, l'explication des différents termes chimiques employés ci-dessus.

nate, si toutefois l'air peut se renouveler. Il agit beaucoup
plus fortement sur l'un et sur l'autre à l'aide de la chaleur ;
dès qu'il est fondu, l'oxidation se manifeste : mettez du plomb
dans un têt, placez celui-ci sur un cylindre de terre dans un
fourneau, chauffez-le peu à peu jusqu'au rouge obscur : ras-
semblez de temps en temps sur les bords l'oxide qui se for-
mera de toutes parts à la surface du bain, et dans l'espace
de quelques heures vous parviendrez facilement à oxider une
trentaine de grammes (1 once) de plomb ; l'oxide sera jaune ;
calciné de nouveau, il pourra absorber une nouvelle quantité
d'oxigène et devenir rouge : c'est même de cette manière
que l'on prépare tout le minium, ou oxide rouge de plomb,
que les arts consomment.

Il s'unit facilement au phosphore, au soufre, au sélénium,
au chlore, à l'iode et à la plupart des métaux ; mais, jusqu'à
présent, il n'a point été possible de le combiner avec l'hydrogène, le bore, le carbone et l'azote. (THÉNARD, *Chimie.*)

§ 2. *Du zinc.*

Nous n'avons encore rien dit de ce métal nouvellement
établi dans le commerce, comme susceptible de remplacer le
plomb dans beaucoup de cas, quoiqu'il n'en ait pas toute la
solidité.

Celui de première qualité peut s'employer, aussi bien que
le plomb, pour faire des chéneaux de gouttière, des tuyaux de
tout calibre, des cuvettes, des réservoirs pour les fontaines.
Il a sur le plomb l'avantage de la légèreté, avantage très-
grand, surtout quand il s'agit de couvertures ; mais il travaille constamment, ce qui le rend peu propre à faire des
gouttières ou des conduits d'eau sous terre ou maçonnerie ;
les fontainiers et plombiers doivent toujours préférer le plomb
pour ces travaux, car si un chenal demi-rond est exposé à

l'action du soleil, il s'aplatit; s'il est à l'ombre, il pourrit en assez peu de temps, et de plus il est assez cassant pour qu'on ait vu sur des édifices le poids d'une échelle passer au travers des gouttières.

Il ne se soude ni comme le plomb, ni comme le fer-blanc. Il faut, pour que la soudure prenne bien, que le zinc ait été bien frotté et saturé d'un fondant indiqué page 242.

Ce métal, en raison de sa légèreté et de son poli, est très-propre à faire les ouvrages extérieurs dépendant des fontaines, des vases, des statues mêmes.

Il s'allie parfaitement au cuivre, à l'étain, à la fonte, au plomb; difficilement au fer, quoi qu'en aient dit plusieurs chimistes.

Voici dans quelles proportions se font ces alliages :
Zinc 90 parties, cuivre 8, fonte 1, plomb 1.
Zinc 91 parties, cuivre 8, plomb 1.

Ces proportions peuvent être légèrement modifiées, pourvu qu'elles ne rendent pas les alliages trop cassants ou trop mous; par exemple, la proportion du cuivre peut varier de 1 à 12 pour cent; celle de la fonte de 0,25 à 2 pour cent; celle du plomb de 1 à 20; mais la présence d'un troisième métal est nécessaire pour produire une combinaison convenable entre le zinc et le plomb. Ces alliages peuvent remplacer le fer, le plomb, l'étain, le cuivre, pour la fabrication des tubes et des tuyaux.

§ 3. *Préparation du plomb.*

La matière dont on retire le plomb, est la *galène*; c'est un *proto-sulfure de plomb.* Il se trouve principalement sous cet état dans la nature.

La galène est brillante, solide, cassante; elle se présente ordinairement sous l'aspect de petits cubes réguliers, lamellaires, faciles à diviser. Elle se fond moins vite que le plomb, et souvent contient une certaine quantité de sulfure d'argent (1).

On retire le plomb de la galène par l'opération du grillage. Ce qui peut se faire de plusieurs manières ; mais avant d'opérer sur le minerai, on a la précaution de le bien séparer des corps étrangers, et de son enveloppe ou gangue, par le triage et le lavage.

Pour traiter la galène, on commence d'abord par la griller pour en retirer le soufre, et ensuite on lui fait subir une seconde opération pour en séparer le plomb, laquelle consiste, quand le minerai contient d'autres métaux qu'on ne veut pas perdre, à griller la galène brisée en petits morceaux, en la mêlant avec le combustible, de manière à en former un tas, et de manière aussi que la flamme ou le feu trouve quelques issues au travers des morceaux entassés. Cette opération se pratique dans un espace entouré de petits murs construits en pierre ou briques réfractaires. Il y a des minerais assez purs pour ne point exiger le grillage ; il en est d'autres, au contraire, qui demandent à être grillés plusieurs fois ; ce sont ceux qui contiennent beaucoup de soufre, ou encore de l'arsenic.

Lorsque les minerais de plomb ont été ainsi préparés, on les porte au fourneau de fusion. Ce fourneau est plus étroit que ceux qui servent à la fusion des minerais de cuivre ; on le dispose à l'ordinaire en le garnissant d'une brasque, c'est-à-dire d'un enduit de terre et de charbon pilé. Il est essentiel que ce fourneau soit construit de pierres solides et réfractaires, parce que le plomb vitrifie aisément toutes les pierres. On échauffe pendant quelques heures le fourneau

(1) Les mines de galène de Carthagène (Espagne) fournissent, dit-on, assez d'argent pour couvrir les frais d'extraction et de grillage.

avec du charbon pour achever de sécher l'enduit dont il a été revêtu intérieurement. On arrange la tuyère de manière qu'elle dirige le vent des soufflets horizontalement.

Les choses ainsi disposées, on commence par charger le fourneau avec du charbon, ensuite on met alternativement des couches de minerai et de charbon ; on y joint aussi des scories fraîches des dernières opérations, de la litharge (protoxide de plomb), de la chaux de plomb, et les résidus des fusions précédentes.

Quand le fourneau est rempli, on allume le feu, et on soutient la fonte pendant neuf heures la première fois, et pendant six heures pour les fontes subséquentes ; au bout de ce temps on laisse couler la matière fondue, par l'œil du fourneau, c'est-à-dire par une ouverture qui est au bas de sa partie intérieure, et que l'on a tenue bouchée avec de la terre glaise pendant la fonte ; cette matière fondue, qu'on appelle *matte de plomb*, est reçue dans le bassin concave qui est au pied du fourneau. C'est un mélange de plomb, de soufre, d'arsenic, etc.; en un mot, de toutes les substances contenues dans le minerai qui a été fondu, et que le grillage n'a point dû entièrement débarrasser ; on prend une portion de cette matte pour en faire l'essai en petit, afin de s'assurer de ce qu'elle contient.

On donne alors de l'inclinaison à la tuyère qui dirige le vent du soufflet ; on joint à ces mattes grillées, de nouvelles scories, du minerai de plomb grillé, de la litharge et des crasses, et on procède à une nouvelle fonte en faisant des couches alternatives de différentes matières avec du charbon : on laisse fondre le tout pendant quinze heures la première fois, et pendant huit heures seulement pour les fontes suivantes. Au bout de ce temps on laisse couler le plomb fondu dans le bassin qui est au bas du fourneau ; on referme l'œil ou le trou aussitôt qu'on s'aperçoit qu'il se forme de la

matte ou du laitier au-dessus du plomb qui a coulé; on en—
lève cette substance avec un crochet de fer, après quoi l'on
verse le plomb fondu, qui est chargé d'argent, et que l'on
nomme *plomb d'œuvre*, dans des bassines de fer enduites
d'un mélange de glaise et de charbon. Alors l'essayeur prend
des échantillons de ce plomb d'œuvre pour en faire l'essai et
pour savoir combien il contient d'argent.

Pour enrichir encore ce plomb d'œuvre, on le remet de
nouveau en fonte dans un fourneau à manche; on y joint
des mattes de plomb, des scories encore chargées du métal
et des scories vitrifiées ou du laitier, de la litharge, etc.,
et on fait fondre ce mélange de la manière qui a été décrite
en dernier lieu.

Lorsque le plomb est suffisamment enrichi, c'est-à-dire,
chargé d'argent, on le sépare au fourneau de grande coupelle,
où l'on réduit le plomb en litharge; l'argent reste pur et
dégagé de toutes substances étrangères.

Comme par cette opération le plomb a perdu la forme
métallique, on est obligé de le faire fondre de nouveau par
les charbons, dans le fourneau de fusion; par ce moyen, la
litharge (protoxide de plomb) qui s'était faite dans l'opération de la grande coupelle, se réduit en plomb; mais
comme ce métal n'est pas parfaitement pur, vu qu'il est
chargé des substances métalliques qui étaient jointes à l'argent qui a été coupellé, on le refond de nouveau.

Cette fonte se fait à l'air libre, dans un foyer entouré de
murs peu élevés; on y forme des lits de fagots ou de charbon de bois, et l'on y jette le plomb qui ne tarde pas à
se fondre et à couler dans le bassin destiné à le recevoir;
c'est dans ce bassin qu'on le puise avec des cuillers en fer
pour le verser dans des moules, et lui donner la forme des
saumons qui circulent dans le commerce.

La facilité avec laquelle le feu dissipe ce métal, est cause qu'il éprouve du déchet dans chaque opération par laquelle il passe. Cette perte est inévitable, mais c'est à l'intelligence du métallurgiste à faire en sorte qu'elle soit la moindre possible.

Lorsque le minerai de plomb se trouve joint avec du minerai de cuivre assez riche en métal pour qu'on veuille le retirer, le plomb uni avec l'argent se séparera du cuivre par la liquation. Si la mine de cuivre ne contenait point de plomb par elle-même, on serait obligé de lui en joindre, afin qu'il se chargeât de l'argent qui pourrait y être contenu.

Cette opération (liquation), comme on sait, repose sur les qualités de fusibilité que possède chaque métal en particulier, qualités qui l'obligent à fondre avant celui avec lequel il est allié, et par conséquent à s'en séparer.

On traite encore la galène d'une autre manière, en la plaçant dans un fourneau à réverbère, et en conduisant le feu d'abord lentement, et en ne commençant à remuer et mélanger la masse que quelque temps après, quand le feu prend de l'activité.

Mais le sulfure de plomb ou la galène, ayant la propriété de se décomposer par le moyen du fer, et d'une température suffisamment élevée, on a eu aussi l'idée de profiter de cette propriété pour en obtenir un moyen d'extraction.

On place alors la galène dans un fourneau à manche, si on opère en grand; dans un creuset si on opère en petit, et on mêle avec elle du fer en grenailles à peu près le tiers ou le quart du poids numéraire sur lequel on opère.

Le plomb que l'on obtient ainsi, et qui contient presque toujours plus ou moins d'argent, s'appelle, ainsi que nous l'avons déjà dit, *plomb d'œuvre*. Pour le séparer de l'argent on le passe à la coupelle.

Les coupelles sont des vases d'une forme indéterminée,

que l'on fabrique avec des os calcinés jusqu'au blanc, réduits en poudre et ensuite en pâte.

On place le plomb mêlé d'argent dans cette coupelle, et on le soumet ensuite au feu d'un fourneau convenablement disposé pour cette opération, c'est-à-dire, de manière que la tuyère du soufflet soit dirigée au-dessus du bain, afin que le vent puisse enlever inopinément la petite pellicule d'oxide qui se forme au-dessus du métal. D'un côté, cette pellicule et la litharge sont chassées et recueillies dans un espace ménagé à dessein ; d'un autre côté, le plomb fondu se fait issue par les pores de la coupelle, s'écoule dans un canal disposé à cet effet, tandis que l'argent seul reste en-dedans de cette même coupelle.

L'argent fondu se retire de la coupelle au moyen de longues verges froides en fer (ringards) qu'on y plonge ; l'argent s'y attache par couches plus ou moins épaisses ; on le sort, on le plonge dans l'eau, et on recommence ensuite de la même manière, après l'avoir enlevé du bout de la tige du ringard.

Le plomb se fond à 260° du thermomètre centigrade ; étant en fusion, il se calcine ou s'oxide facilement, et dans cet état l'oxide se présente à l'œil sous la forme d'une pellicule qui se reproduit dès qu'elle est enlevée : gris d'abord, si on l'expose à un feu plus violent, il devient d'un beau jaune et forme ainsi la base de la couleur que les peintres appellent *massicot* (deutoxide de plomb). Allié encore avec une plus grande quantité d'oxigène, c'est-à-dire calciné encore davantage, et cela au moyen d'un feu de réverbère, il devient d'un rouge très-vif, tirant un peu sur le jaune, c'est ce qu'on appelle le *minium* ou *vermillon* (protoxide de plomb).

Quand le plomb a été mis à l'état d'oxide, on peut lui rendre sa forme métallique en lui joignant une matière inflammable, telle que la poudre de charbon, de la limaille de fer, du suif, de la résine, etc.

Le plomb s'oxide à l'air ; il y perd son éclat et se détruit peu à peu. La même chose lui arrive dans l'eau.

Il se dissout également dans le vinaigre ; et des lames de plomb exposées aux vapeurs de cet acide donnent lieu à la formation de la céruse ou blanc de plomb.

§ 4. *De l'emploi du plomb.*

Le plomb est non-seulement d'une grande utilité dans quelques préparations chimiques, mais il peut être encore employé avec plus ou moins d'avantages dans une multitude de circonstances, soit pour l'affinage de divers métaux, comme le cuivre, l'argent et l'or, soit pour former des figures, des statues, des ornements d'architecture, des tuyaux de conduite pour les eaux souterraines ou provenant des combles ; couvrir les toits, les terrasses ; garnir les bassins, les réservoirs ; former des cuvettes servant d'entonnoirs aux tuyaux de descente pour l'écoulement des eaux intérieures des maisons particulières : des cheneaux et des gouttières qui reçoivent et rejettent loin des murs celles produites par les pluies et les neiges ; garnir les endroits où ce liquide séjourne facilement, comme sur les noues et autres intersections du même genre, et surtout dans les combles couverts en ardoises ou en tuiles ; former des recouvrements d'auvents de croisées de boutique ; des bavettes ou bordures d'appuis de lucarne ; faire des scellements ; enfin pour divers ouvrages concernant la vitrerie, la balancerie, la chaudronnerie, la poterie, ainsi que pour la guerre, la chasse, etc.

L'art du plombier consiste donc à travailler et à façonner le plomb, pour en obtenir les divers objets qu'il est susceptible de former, et pour en faire des applications selon les circonstances.

Cet art se divise en trois parties : la première comprend

la fonte du plomb; la seconde, la manière de le couler; la troisième, celle de le souder.

§ 5. *Des fourneaux et des chaudières employés à la fonte du plomb.*

Les fourneaux se construisent en briques réfractaires et en mortier de terre grasse, capables de supporter une assez forte chaleur sans se détériorer sensiblement. On donne ordinairement à ces fourneaux une forme ronde, comme à la chaudière destinée à contenir le métal à mettre en fusion; et pour en consolider le revêtement, qui peut avoir 217 à 271 millimètres (8 à 10 pouces) d'épaisseur, on le garnit, tant en dedans qu'en dehors, de cercles de fer dont l'objet principal est d'opposer une résistance à l'action du feu, qui a la propriété de dilater sensiblement la maçonnerie, et conséquemment de la désunir.

La bouche du fourneau doit être de niveau avec le sol de l'usine : elle sert à introduire le bois dans le foyer ou la chauffe, et donne aussi entrée à l'air qui doit alimenter la combustion. On peut lui donner depuis 325 millimètres (1 pied) jusqu'à 487 millimètres (1 pied $\frac{1}{2}$), en hauteur et en largeur, selon l'importance du fourneau.

Dans l'intérieur du foyer, et à 650 millimètres (2 pieds environ) du sol, on fixe, dans la maçonnerie, des barreaux pour supporter la chaudière, afin de prévenir la poussée que le poids du métal pourrait exercer contre les parois latérales, et pour que la flamme du foyer puisse s'élever et circuler librement tout autour; mais elle doit être scellée dans la maçonnerie du fourneau, à sa partie supérieure, pour forcer la fumée à s'échapper par la cheminée.

Les dimensions générales de ces sortes de fourneaux varient depuis 1 mètre (3 pieds environ) de hauteur, jusqu'à

1 mètre 949 millimètres (6 pieds), et cela à raison des circonstances. Nous aurons occasion de les faire connaître par la suite.

Leur emplacement dans les usines dépend aussi des besoins et des localités : on les place quelquefois au milieu de l'atelier ou à peu de distance des murs ; quelquefois aussi, on les y adosse complètement : dans les deux premiers cas on établit au-dessus une hotte en forme de cône pour donner issue à la fumée, dont on détermine la direction au moyen d'un tuyau en fer implanté dans le fourneau et dirigé dans l'axe de la hotte. On peut aussi faire usage de deux tuyaux ; on leur donne ordinairement 108 à 189 millimètres (4 à 7 pouces) de diamètre.

Dans le second cas, la cheminée est adossée, comme à l'ordinaire, contre le mur.

Quant aux chaudières, elles doivent être en fer fondu, et proportionnées à la quantité de métal en fusion qu'il est nécessaire d'avoir pour couler une masse de plomb d'une dimension donnée. Mais comme le plomb en fusion occupe moins de place que celui qui est froid, parce qu'il contient alors moins d'aspérités, et qu'il ne reste aucun vide entre les morceaux, on devra avoir égard à cette observation, et en tenir compte pour ne pas donner à la chaudière une dimension plus grande qu'il n'est nécessaire.

Des ustensiles employés à la fonte du plomb.

Les ustensiles nécessaires à la fonte du plomb, sont : un arrosoir, un labour, une batte, un râble, une plane, une truelle, une écumoire, plusieurs cuillers, une serpette et un levier.

Comme nous aurons souvent occasion de parler de ces instruments, au fur et à mesure que nous décrirons les diverses opérations relatives à la fonte du plomb, et que nous les rappellerons d'ailleurs dans le vocabulaire qui fera suite à ce Manuel, nous n'entrerons ici dans aucun détail en ce qui les concerne.

De la fonte du plomb.

Cette opération consiste simplement à mettre le métal dans un vaisseau quelconque, et à le présenter ensuite au feu jusqu'à ce qu'il devienne liquide ; mais quand on opère sur des quantités un peu notables, on emploie des chaudières et des fourneaux semblables à ceux dont nous avons parlé plus haut, et dont les capacités et les dimensions varient suivant l'importance des ateliers ou des usines.

Cependant, pour bien fondre toutes sortes de plomb et rendre ce métal propre à être employé dans les arts, il ne suffit pas précisément de le jeter dans un vase pour le mettre en fusion et le couler de suite, il faut aussi apporter à sa préparation quelques soins particuliers, qui consistent principalement à le bien *écumer*, lorsqu'il est fondu, pour le purifier ; à savoir le *revivifier* lorsqu'il est décomposé ou oxidé ; enfin, à observer qu'il ne contienne aucune humidité dans ses pores avant d'être jeté dans la chaudière, surtout lorsqu'il s'agit de mettre du plomb vieux dans du plomb en fusion. Nous verrons ci-après ce qui motive ces diverses opérations.

Lorsque l'on fait fondre du plomb en saumon dans la chaudière, on l'y place indifféremment ; mais lorsqu'on a du vieux plomb on doit commencer par y mettre les plus petits morceaux, parce qu'ils s'y disposent mieux que les gros et qu'ils se fondent plus facilement, ce qui provoque en même temps la fusion des autres.

Pour accélérer l'opération, on peut établir un second foyer sur la chaudière même, avec des bûches enflammées, et recouvrir en outre celles-ci avec plusieurs saumons de plomb ou autres morceaux vieux.

Lorsque le plomb est fondu, on cesse d'entretenir le feu supérieur, mais on le laisse se consumer de lui-même. Les charbons qui résultent de cette combustion, tombent alors dans la chaudière, mais loin d'être préjudiciables à la fonte et à la bonne qualité du plomb, ils accélèrent l'une, et rendent l'autre infiniment supérieure. Ce dernier effet tient à ce que le charbon incandescent a la propriété de purifier ce métal et de le *revivifier*, c'est-à-dire de lui rendre toute la fluidité dont il est susceptible. On peut même en prendre à pleines pellerées dans le foyer et le jeter sur le plomb, tant que durera la fonte : ils s'y consommeront complètement; mais pour purifier le métal on enlèvera immédiatement après, au moyen d'une écumoire, les cendrées qui en proviennent, et en même temps les *crasses* qui surnagent toujours à la surface du plomb fondu.

Le sable non terreux est également très-propre à revivifier le plomb; pour l'employer, il suffit de le jeter dans la chaudière, et il ne tarde pas à entrer en incandescence; mais lorsqu'il est vitrifié il s'attache aux parois de la chaudière; alors on doit l'enlever avant de couler le métal.

Pour purifier le plomb, on se servait aussi autrefois de graisse ou de résine, et quelques personnes prétendent même que le métal devient plus doux et plus coulant lorsqu'on en fait usage; mais ces auxiliaires ont l'inconvénient de produire une odeur désagréable durant l'opération de la fonte, ce qui fait que les plombiers ne les emploient jamais.

Avant de mettre le plomb dans la chaudière, il faut avoir soin d'examiner s'il est bien sec, car s'il se trouvait de l'eau introduite dans les aspérités nombreuses qu'on observe, surtout dans le vieux plomb, elle se réduirait bientôt en vapeur et pourrait occasioner des explosions dangereuses pour les ouvriers; car on sait que l'eau réduite en vapeur produit des effets comparables et même supérieurs à ceux qu'on obtient par la poudre à canon.

Lorsqu'on fait fondre du vieux plomb, il faut y ajouter une quantité égale de plomb neuf pour rendre le premier plus doux et moins cassant.

Il faut surtout éviter, dans la fonte, de mélanger l'étain au plomb, parce que ce dernier deviendrait alors aigre, cassant et de mauvaise qualité.

Il faut aussi avoir la précaution de distraire des vieux plombs tout ce qui s'y trouve de mélangé en régule ou tout autre demi-métal; car sans cette précaution il serait impossible de couler avec précision.

Les cendrées, qui sont un mélange de plomb et de charbon, provenant de l'écumage de la matière en fusion, se conservent pour être lavées et soumises, ensuite, à l'action d'une forte chaleur dans un fourneau à réverbère. On en extrait ainsi le plomb, qui peut encore être employé. Ces cendrées se vendent aux *raffineurs*. A Paris elles valent 25 à 30 francs les 100 kilogrammes.

C'est aussi des cendrées qu'on extrait la litharge (protoxide de plomb).

Le bois de chêne écorcé est celui que l'on doit préférer pour fondre le plomb, parce qu'il produit une flamme vive et qu'il s'allume promptement.

Avec cinq stères de bois on peut en fondre jusqu'à 30,000 pesant, en dix-huit heures de temps. Mais, à cet égard, il serait fort difficile d'indiquer des résultats très-positifs, attendu qu'ils dépendent toujours de la qualité du bois, des dimensions de la chaudière et de la plus ou moins bonne disposition du fourneau et de la cheminée.

Le temps humide est celui qu'on doit préférer pour cou-

Mécanicien-Fontainier.   18

ler le plomb, parce qu'il est alors plus doux que lorsqu'on le coule par un temps sec.

Lorsqu'on a besoin de le conserver longtemps en fusion, ou qu'il est nécessaire de le transporter d'un lieu dans un autre, on renferme le vase qui le contient, dans un autre un peu plus grand. (Ce second vase s'appelle *pollastre.*) On place du combustible (charbon) entre lui et le vaisseau qui contient le métal, et cette disposition favorable à la concentration du calorique et à l'économie du combustible, s'oppose au refroidissement de la matière.

§ 6. *Du plomb coulé.*

Le plomb se coule de deux manières : en table ou en nappe, et en moule.

Le plomb en table sert pour garnir l'intérieur des bassins, les réservoirs , les bains , couvrir les combles des bâtiments , etc.

Le plomb moulé se coule dans des moules préparés, soit pour faire des tuyaux, soit pour des ornements, etc.

Des différentes manières de couler le plomb en table ou en nappe.

Le plomb en table ou en nappe se coule de trois manières différentes : 1° sur sable ; 2° sur pierre ; 3° sur toile.

On emploie la première manière lorsque l'on veut obtenir des tables de plomb d'une forte épaisseur. La seconde, pour les épaisseurs moyennes ; et la troisième pour les feuilles très-minces.

Du plomb en table ou en nappe, coulé sur le sable.

Pour couler le plomb sur le sable, on se sert d'une table qu'on appelle *moule de table,* et dont les dimensions peuvent varier depuis 2 mètres 60 centimètres (8 pieds) jusqu'à 4 mètres 35 centimètres (30 pieds) en longueur, et depuis 1 mètre 30 centimètres (4 pieds) jusqu'à 1 mètre 95 centimètres (6 pieds) en largeur. On lui donne ordinairement 650 à 975 millimètres (2 à 3 pieds) de hauteur. Elle est faite en madriers de bois de chêne de 34 à 41 millimètres (15 à 18 lignes) d'épaisseur, jointifs, posés sur des tréteaux solides, et de manière que la table incline à peu près de 27 à 34 millimètres (12 à 15 lignes) par 1 mètre 95 centimètres (6 pieds), afin de donner au métal en fusion la facilité de couler suivant la pente.

Le pourtour de cette table est bordé d'une espèce de châssis en bois ayant aussi 27 à 34 millimètres (12 à 15 lignes) d'épaisseur et 27 à 40 centimètres (10 à 15 pouces) de champ. Il est compris dans la hauteur totale du moule de sable ; mais lorsqu'on veut couler des nappes de plomb d'une forte épaisseur, 54 millimètres (2 pouces) par exemple, il faut le revêtir intérieurement d'une plaque de fer pour empêcher le métal en fusion d'y mettre le feu.

Ce châssis s'appelle *éponge* ; il est destiné, avec la table, à contenir une couche de sable préparé, sur lequel on coule le plomb fondu ; mais l'un des côtés, celui qui est au bas de la table, doit être mobile pour faciliter la manœuvre qui a lieu lorsqu'il s'agit de retirer la nappe de plomb après qu'elle a été coulée.

Le moule de table se place toujours à 1 mètre (3 pieds) de la chaudière, et de manière que l'axe et le centre de l'un et de l'autre se trouvent dans une même ligne, ce qui est indispensable pour la facilité de la manœuvre du coulage.

Le sable qu'on emploie à cette opération doit être doux au toucher et passé au tamis fin, pour qu'il ne contienne aucune partie graveleuse ni aucun corps étranger. Celui dont on fait usage à Paris se tire des sablonnières de Belleville, non loin des barrières. Le même sable peut servir pendant long-temps, mais il est cependant bon de le renouveler souvent, car lorsqu'il est trop calciné, il ne vaut rien.

Pour préparer le sable à recevoir le plomb fondu, on l'humecte avec de l'eau, on le masse avec une batte en bois; on le dresse ensuite en passant dessus une règle qu'on appelle *râble*, et que deux hommes appuient sur les éponges pour que la couche de sable ait une même hauteur dans toutes ses parties. On répète plusieurs fois cette manœuvre, après quoi on polit la surface au moyen d'une truelle chauffée et graissée pour lui donner plus de consistance; et, si, dans le cours de l'opération, on aperçoit quelques petits défauts, on les corrige en y portant des pincées de sable, qu'on aplanit ensuite avec la truelle.

Cette règle doit avoir en longueur 216 millimètres (8 pouces) environ de plus que la largeur du moule de table; sa hauteur 81 millimètres (3 pouces) environ, et son épaisseur 27 millimètres (1 pouce) au plus. Elle s'applique toujours de champ; il faut surtout qu'elle soit bien dressée, car sans cela la surface du sable ne serait pas plane. Enfin, elle doit avoir à ses deux extrémités des échancrures d'une profondeur égale à l'épaisseur que l'on veut donner à la feuille de plomb, augmentée de la différence qui doit exister entre le dessus de cette feuille et les bords de l'éponge (4 à 6 millimètres (2 à 3 lignes) au plus), pour que le métal ne s'échappe pas du moule, et cela pour qu'en l'appliquant sur les éponges, la différence des échancrures à l'arête inférieure de la règle puisse enlever à la couche de sable la quantité qu'il est nécessaire d'en ôter pour former le vide que doit occuper la matière. Ces échancrures sont ordinairement garnies de petites plaques de fer.

Avant de couler le plomb sur la surface du sable, on le transvase d'abord, lorsqu'il est en fusion, dans une *auge*

placée en tête du moule, auquel elle est fixée par des charnières, et on le verse ensuite sur le moule. Quand on n'o-
père que sur de petites quantités, le métal en fusion peut
se prendre à la cuiller pour être mis dans l'auge; mais lorsqu'il s'agit de grandes quantités, ce moyen ne suffit pas. Il
faut alors mettre l'auge en communication avec la chaudière,
au moyen d'un tuyau à robinet, pour y faire arriver la matière. Dans le premier cas, le fourneau peut être fort petit
et sans beaucoup plus de hauteur que le moule de table,
tandis que dans le second il doit avoir beaucoup plus de
hauteur non-seulement que le moule, mais encore que l'auge
elle-même, afin de pouvoir établir une communication convenable entre elle et le fond de la chaudière, de manière à
ce que tout le plomb que celle-ci contient puisse complètement en sortir.

Comme l'auge, qui d'ailleurs doit occuper toute la largeur de la table, est fort pesante, surtout lorsqu'elle est remplie de plomb, on doit la faire supporter par un socle en
maçonnerie placé en tête du moule, et conséquemment entre
lui et le fourneau.

D'une autre part, comme cette auge est trop chaude pour
pouvoir être manœuvrée à la main, indépendamment de
son poids, qui est quelquefois fort considérable, puisqu'elle
peut contenir jusqu'à 7 milliers de kilogrammes de plomb,
on la renverse pour couler la matière sur le moule, en la
soulevant dans la partie postérieure par le moyen de deux
chaînes attachées à des leviers ou à un treuil placé au-dessus,
et auxquels sont fixés deux bras de leviers avec des cordes,
dirigés dans le sens de la table. Deux hommes suffisent pour
opérer cette manœuvre : ils doivent agir simultanément.

Au reste, quel que soit le moyen employé pour verser le
plomb dans l'auge, il faut, dans tous les cas, que la quantité de matière en fusion soit toujours un peu plus grande

que celle qu'on présume être nécessaire, et l'auge doit la contenir entièrement pour qu'elle puisse être coulée d'un seul jet. On ménage, d'ailleurs, à l'extrémité la plus basse du sable, une espèce de rigole appelée *fossé*, pour y faire écouler l'excédant du métal, qui est ordinairement d'un cinquième.

Le plomb étant coulé, deux hommes saisissent un râble ayant des échancrures moindres que celles dont nous avons parlé plus haut, font couler la matière avec une vitesse égale, mais rapide, en faisant glisser la règle sur les éponges, et aplanissant ainsi la surface supérieure de la table ; ensuite on sépare l'excédant du métal qui s'accumule dans la partie inférieure du moule, même avant qu'il ait eu le temps de se figer.

Cette séparation est nécessaire, car le plomb en se refroidissant prend du retrait, et un effet de ce retrait serait d'entraîner l'excédant dont il s'agit, qui, par la résistance que son poids lui opposerait, pourrait faire gercer et même fendre la table de plomb dans toute sa largeur.

Pour retirer le plomb qui tombe dans les fossés, et qu'on nomme *rejet*, on a soin d'y implanter, de distance en distance, lorsqu'il est encore chaud, des *gâches* ou demi-cercles en fer qui servent alors de poignées.

Le retrait est évalué à 27 millimètres (1 pouce) environ pour 4 mètres 54 centimètres (14 pieds).

Lorsque la feuille de plomb est suffisamment refroidie, on la retire du moule en ouvrant l'un des côtés du châssis, et, avec des leviers, on la transporte dans un lieu convenable, pour procéder ensuite à une opération semblable ; mais on doit toujours commencer par mouiller et labourer le sable pour le rafraîchir et l'aplanir.

Il faut observer que le meilleur ouvrier et le plus intelligent ne l'est jamais assez pour cette opération : trop de hardiesse et de témérité seraient nuisibles ; mais beaucoup de précaution, de prudence et surtout de pratique, sont les qualités essentielles qu'il doit posséder, et qui lui assureront toujours de bons résultats.

La méthode de couler le plomb sur sable est la plus ancienne de toutes ; mais aujourd'hui on n'en fait usage que pour former des tables d'une certaine épaisseur, attendu qu'on n'obtient que très-difficilement, même jamais, par ce moyen, des feuilles également épaisses. Mais lorsqu'il s'agit de couler de fortes tables, c'est-à-dire épaisses, auxquelles on ne donne d'ailleurs que peu de longueur et de largeur, elle est sans contredit la meilleure, parce que, lorsque la table est coulée, il devient plus facile de l'enlever du moule que si, par exemple, elle se trouvait posée sur pierre, à raison de ce qu'on peut miner le sable par-dessous, ce qui permet de la soulever plus commodément.

Pour cela faire, on emploie différents moyens ; mais le plus simple de tous consiste à réserver une espèce d'œillet dans la table même, à sa partie inférieure et en dehors de l'arête. On y parvient facilement en implantant un boulon de fer dans le sable et dans l'alignement du fossé. Ensuite, lorsque le plomb est refroidi, on fait sauter le boulon avec une pince en fer, et le vide qui reste forme un œillet, dans lequel on passe un crochet fixé à un câble qui lui-même est attaché à une grue placée dans le voisinage du moule pour faciliter l'opération.

Si les tables n'ont qu'une épaisseur moyenne, on peut les rouler sur un cylindre au moyen d'un tour ; et lorsqu'enfin elles sont très-minces, cette opération peut se faire à la main ; mais dans ces deux derniers cas, il ne faut pas attendre que le plomb soit entièrement refroidi, parce que, dans cet état, il se plie moins facilement.

Enfin, lorsqu'on a cessé de couler, on doit couvrir le

sable avec de fortes planches pour mieux le conserver, et cette couverture peut aussi servir de plancher pour couper les tables de plomb ou pour être employée à quelque autre usage.

§ 7. *Du plomb coulé sur pierre.*

La méthode par laquelle on coule le plomb sur pierre est la plus nouvelle de toutes celles usitées jusqu'à ce jour, elle ne diffère de la première qu'en ce que le sable s'y trouve remplacé par un lit de pierre auquel on donne 22 centimètres (8 pouces) environ d'épaisseur. La manœuvre est absolument la même que la précédente, excepté qu'on emploie une lingotière pour recevoir l'excédant de la matière, qui, dans l'autre méthode, s'écoule dans le fossé pratiqué dans le sable.

Les pierres employées à former le fond des moules à table ne doivent point être sujettes à éclater par la chaleur. Elles s'unissent avec du mortier de terre glaise, peuvent avoir d'assez grandes dimensions en longueur et en largeur, et doivent principalement former une seule et même surface bien unie et bien plane.

Le plomb coulé sur pierre peut donner, sans inconvénient, des tables d'un demi-millimètre (un quart de ligne) jusqu'à 6 millimètres (3 lignes) d'épaisseur; et cela avec une précision toute particulière qui le rend infiniment supérieur à celui coulé sur le sable. On en coule rarement de plus épaisses, parce qu'on risquerait de faire fendre les pierres en les mettant en contact avec une trop grande masse de métal en fusion, lequel contient toujours une quantité relative de calorique.

Ce plomb est d'ailleurs d'une aussi bonne qualité que celui coulé sur le sable. Il est en général plus blanc, mais cela tient à ce que celui coulé sur le sable reçoit une impression particulière de l'humidité du sable, qui lui communique la couleur foncée et terne qu'ont la plupart des plombs, tandis que celui coulé sur pierre n'éprouve pas cet effet, en ce que la pierre échauffée ne lui porte aucune humidité. Seulement il faut remarquer que la première feuille, et quelquefois la deuxième, sont rarement propres à être mises en œuvre, parce que tant que la pierre n'est point suffisamment échauffée, elle absorbe le calorique contenu par la matière en fusion, la refroidit trop spontanément, et provoque ainsi de nombreuses fissures.

§ 8. *Du plomb en table, coulé sur toile.*

La troisième manière de couler le plomb en table est de le couler sur toile, pour en faire des tables aussi minces que le papier.

Cette espèce de plomb en table est fort difficile à bien faire, et d'un usage assez rare ; aussi est-il beaucoup plus cher ; on ne s'en sert que pour des couvertures très-légères ou pour des objets qui n'ont pas besoin d'une longue durée ni d'une grande solidité. Les facteurs d'orgues sont ceux qui en consomment le plus pour leurs tuyaux.

Lorsqu'on veut couler le plomb sur toile, il faut se fabriquer une table ou planche d'environ 49 centimètres (18 pouces) de largeur, sur 3 mètres 24 centimètres (10 pieds) de longueur. On la couvre avec une toile de coutil bien serré, et cette toile doit être tendue au moyen de petits clous fixés à l'entour et de manière qu'elle ne fasse et ne puisse faire aucun pli, car sans cela l'opération manquerait, ce qui est facile à concevoir ; on la garnit ensuite de chaque côté d'un rebord pour empêcher que le plomb fondu ne s'échappe.

Il faut aussi que cette toile soit graissée, soit avec du suif, soit avec de la chandelle, soit avec de la poix-résine grasse. On obtient, par ce moyen, un plomb beaucoup plus doux, moins aigre, et moins sujet à se casser.

Cette planche, ainsi préparée, se pose sur deux tréteaux, dont l'un est plus élevé que l'autre, afin de lui donner une pente d'environ 325 millimètres (1 pied) par 1 mètre 95 centimètres (6 pieds), pour que le plomb, conduit par le râble, puisse couler promptement, ce qui fait aussi qu'on obtient des tables très-minces. L'excédant de la matière est également reçu dans une lingotière placée au bas du moule.

Cette opération doit être faite avec beaucoup de célérité, car sans cela on courrait risque de brûler la toile.

Il faut encore observer que c'est non-seulement de l'inclinaison de la table que dépendent l'épaisseur et l'égalité de la feuille de plomb, mais encore du degré de chaleur du métal en fusion. C'est aussi de l'intelligence de l'ouvrier que dépend la bonne qualité de l'ouvrage, qui, quoique fait avec beaucoup de précaution et d'adresse, n'en est pas moins difficile, et ne réussit pas toujours aussi bien qu'on peut le désirer.

§ 9. *Des moyens propres à reconnaître le degré de chaleur que le plomb doit avoir pour être coulé.*

Il est important que le plomb ait le degré de chaleur convenable pour être coulé, car sans cela toutes les opérations auxquelles on le soumettrait ensuite, manqueraient ou ne réussiraient que très-imparfaitement. Si on le laissait trop longtemps au feu, il se calcinerait, deviendrait sec et cassant, après avoir été jeté en moule. S'il était trop chaud au moment d'être coulé en table, il creuserait le sable, s'éraillerait ou brûlerait la toile sur laquelle on peut le couler, ainsi que nous venons de le voir; si, au contraire, il était trop froid, il se coagulerait, s'amoncellerait sous le râble et ne coulerait pas jusqu'au bout du moule. Pour apprécier le degré de chaleur dont il s'agit, on remarquera le moment où il commencera à s'attacher aux bords de la chaudière, et ce sera un indice certain qui dénotera le point où il doit être. On peut encore se servir d'un morceau de papier et le jeter dans la matière en fusion. Si elle est arrivée au degré convenable, le papier jaunira fortement ; tandis que si elle est trop chaude, celui-ci s'enflammera. Mais il est facile de la refroidir en peu de temps, en y jetant quelques livres de plomb froid, et jusqu'à ce que les effets dont nous venons de parler se soient manifestés.

§ 10. *Plomb (chinois).*

La réduction du plomb en feuilles se fait en Chine par deux ouvriers : l'un est assis à terre, ayant devant lui une large pierre plate, bien unie, et tenant à la main une autre pierre plate, espèce de molette. A côté se trouve un fourneau dans lequel est placé un creuset rempli de plomb ; aussitôt que le métal entre en fusion, le second ouvrier en verse sur la pierre une quantité proportionnée à la grandeur et à l'épaisseur de la feuille qu'on veut obtenir. L'autre, en appuyant fortement avec la molette sur le plomb, produit une feuille autant mince qu'il veut et d'une égale épaisseur partout. On l'enlève immédiatement et l'on répète l'opération qui se poursuit avec une rapidité extraordinaire. Quand on a une certaine quantité de feuilles, on rogne les bords, qui sont toujours ductiles, et on les soude ensemble.

M. Wadel, qui a vu pratiquer ce procédé en Chine, l'a appliqué avec succès à la préparation des plaques de zinc pour les appareils galvaniques.

§ 11. *Du plomb laminé.*

Le plomb laminé s'obtient en passant les feuilles de plomb au *laminoir*, après l'avoir coulé préalablement en tables de 1 mètre 30 à 1 mètre 62 centimètres (4 à 5 pieds) de largeur, sur 1 mètre 95 à 2 mètres 60 centimètres (6 à 8 pieds) de long, et 40 à 54 millimètres (18 à 24 lignes) d'épaisseur.

Cette opération a pour objet, 1° l'économie de temps qu'il faut pour couler les feuilles de plomb un peu minces, par les méthodes que nous avons décrites plus haut; 2° d'obtenir des tables qui peuvent avoir jusqu'à 8 mètres 22 à 9 mètres 84 centimètres (25 et 30 pieds) de longueur, et 3° de rendre celles-ci également épaisses et unies dans toutes leurs parties.

Le plomb coulé, quelle que soit sa qualité, est sujet à une infinité de pores très-ouverts, que le laminoir seul peut resserrer; ce même plomb est aussi plus raide et beaucoup plus cassant lorsqu'il n'y a point passé.

Mais si le plomb qui a passé au laminoir est beaucoup plus liant que le précédent, il a l'inconvénient d'être beaucoup plus feuilleté, et d'être moins capable, selon le sentiment des chimistes, de résister au soleil, à la gelée et aux intempéries des saisons; la raison en est que la masse du plomb que l'on destine à passer au laminoir, est sujette, comme toute espèce de plomb qui vient d'être coulé à une épaisseur assez forte, à contenir une infinité de bulles d'air plus grandes les unes que les autres : plus la masse passe de fois au laminoir, plus ces globules s'élargissent par l'effet de l'air comprimé, s'aplatissent et se croisent les uns au-dessus des autres; c'est ce qui produit les feuilles superposées et des cavités susceptibles de s'agrandir par l'effet des rayons solaires ou d'une chaleur quelconque, ou de diminuer suivant que le froid ou la gelée resserrera les molécules d'air intercalées.

D'après cela, beaucoup de constructeurs ont conclu que le plomb laminé, malgré les avantages qu'il procure, à de certains égards, ne doit point être employé indifféremment dans toutes les circonstances; et qu'il doit être principalement rejeté lorsqu'il s'agit de couvrir des toits, des terrasses ou autres constructions semblables.

D'autres constructeurs, au contraire, pensent que ce plomb est préférable à celui non laminé, et appuient leur assertion sur ce que le métal étant plus resserré après avoir passé entre les cylindres, contient moins d'aspérités, capables de laisser pénétrer les eaux à travers.

Dans l'intention de mieux fixer les idées à cet égard, nous avons consulté plusieurs plombiers, mais il nous a été impossible de rien conclure de positif des réponses diverses qu'ils nous ont faites : toutes nous ont paru dictées par l'intérêt personnel, et cela à raison des procédés employés par chacun d'eux pour former les tables de plomb qu'ils livrent au commerce.

Quoi qu'il en soit, notre opinion est que le plomb laminé est en effet moins propre à former des couvertures, et nous la basons, non-seulement sur le sentiment des chimistes, mais encore sur les résultats désavantageux qu'ont produit les diverses applications qu'on en a faites; et d'ailleurs il est évidemment prouvé que ce plomb est moins compacte que celui non laminé, puisque dans le poids de 32 centimètres carrés (1 pied carré), à 2 millimètres (1 ligne) d'épaisseur, ce dernier pèse 2 kilogrammes 73 décagrammes (5 livres 10 onces); tandis que le laminé ne pèse que 2 kilogrammes 69 décagrammes (5 livres 8 onces); différence qui ne peut être causée que par les distances des lits de crasse qui se trouvent entre chaque feuillet de plomb; d'où il suit nécessairement, que le plomb coulé sur table ou sur pierre, est infiniment supérieur au plomb laminé. Il est cependant des circonstances où il peut être préféré à l'autre à raison de son épaisseur constante.

§ 12. *Des laminoirs.*

Les laminoirs sont des machines composées de cylindres

Mécanicien-Fontainier.   19

qui sont destinés à étirer et à réduire en lames, en tables, en feuilles, etc., les divers métaux malléables.

Ces machines sont également propres à fabriquer toutes sortes de moulures, lorsqu'on y introduit des cylindres taillés à cet effet dans toute leur circonférence.

Elles ont, à raison de la continuité et de l'uniformité de leur action, et relativement à l'économie et à la célérité qu'elles procurent, une supériorité marquée sur le marteau et autres instruments analogues.

On peut les faire mouvoir à bras d'homme, par des chevaux, des roues hydrauliques, ou enfin par des machines à vapeur.

Le laminoir représenté par les *fig.* 71, 72 et 73, est mu par une roue hydraulique ; mais celle-ci pourrait être remplacée par tout autre agent. On en a fait usage en Angleterre dès l'année 1700. Voici la description qui en a été donnée par M Borgnis, dans son *Traité complet de Mécanique appliquée aux arts*, page 140 et suivantes.

La *fig.* 73 représente le laminoir vu de face ; les cylindres ab qui le composent sont de fer fondu et tourné ; ils ont de 1 mètre 30 à 1 mètre 62 cent. (4 à 5 pieds) de longueur, et leur diamètre ne doit point être moindre de 33 centimètres (1 pied), afin qu'ils puissent résister à la grande pression qu'ils doivent produire, sans prendre aucune courbure, et il est indispensable qu'ils soient solidement affermis, qu'ils conservent constamment leur parallélisme, et que néanmoins on ait des moyens faciles et expéditifs de les rapprocher ou de les éloigner, et de les faire tourner en sens contraire.

Le mécanisme qui sert à rapprocher plus ou moins ces deux cylindres, sans leur faire perdre leur parallélisme, s'appelle *régulateur* ; il est représenté sur une grande échelle, *fig.* 71 et 72. La *fig.* 71 en est le plan horizontal, la *fig.* 72 une vue latérale. On voit, *fig.* 72, que les tourillons du cy-.

lindre supérieur *b* sont soutenus par deux étriers *mm mm*. Ces mêmes étriers, vus de profil en *mm*, *nn*, *fig.* 75, sont terminés dans une partie supérieure par des chaînes qui s'enveloppent sur le treuil *rr*, qui est muni d'un levier *q*. On conçoit facilement qu'en agissant sur le levier *q*, on pourra élever plus ou moins le cylindre *b*, et que son propre poids tendra à le rapprocher du cylindre inférieur *a*. Mais ce poids, suffisant pour faire coïncider ces deux cylindres, lorsque la machine est inactive, et lorsqu'une lame métallique n'est pas engagée entre les deux ; ce même poids, dis-je, serait incapable à lui seul de produire le rapprochement progressif nécessaire pour un prompt laminage ; mais on obtient cet effet d'une manière très-satisfaisante en faisant usage du *régulateur*.

Le régulateur (*fig.* 71, 72) est destiné à comprimer simultanément et exactement de la même manière, les collets *qqq*, superposés aux tourillons du cylindre *b*. Chacun de ces collets a deux oreilles *qq* (*fig.* 72), percées d'un trou dans lequel passent les colonnes de fer *b' b'* qui forment la cage du laminoir. Le collet inférieur 72, qui est mobile, a également des oreilles traversées par les mêmes colonnes. Ces colonnes sont, dans leur partie supérieure, taillées en forme de vis ; les écrous *oo* de ces vis sont garnis de roues dentées, *ssss* (*fig.* 71, 72), extrêmement semblables ; elles engrènent avec deux pignons *tt*, chacun desquels est surmonté par une roue d'angle *v*, qui engrène avec des vis sans fin *uu* ; l'axe *zz* de ces vis sans fin porte à son extrémité une croix *y*.

Voici comment on fait agir ce régulateur : il suffit de faire tourner la croix *y* ; alors les vis sans fin *uu* font tourner simultanément d'une même quantité les roues d'angle *vv*, et conséquemment les pignons *tt* qui leur sont annexés, et qui mettent en mouvement les quatre roues *ssss* toutes à la fois. Ces roues font partie des écrous qui surmontent les oreilles qq des collets qqq, de sorte qu'elles font descendre ces collets lorsqu'on agit dans un sens sur la croix y, et qu'elles les relâchent lorsqu'on agit en sens contraire; dans ce cas, on peut, en agissant sur le levier q (*fig.* 75), soulever le cylindre b, comme nous l'avons déjà dit.

Il nous reste maintenant à examiner de quelle manière on peut, à volonté, faire tourner les cylindres, tantôt dans un sens, et tantôt dans le sens contraire. Cet effet est produit par un double engrenage et par un verrou. Le premier engrenage est composé de deux seules pièces, c'est-à-dire d'une roue c et d'une lanterne d; le second est composé de deux lanternes e, f, et d'un pignon intermédiaire g. Ces deux engrenages sont indépendants l'un de l'autre, et les lanternes d a f, qui ont un axe commun, sont tellement placées sur cet axe, qu'elles peuvent tourner sans qu'il se meuve, et réciproquement, que l'arbre peut tourner sans que l'une de ces lanternes, ou même toutes les deux, participent à ce mouvement. Pour obtenir cet effet, il faut que l'axe soit carré, et que le trou des lanternes soit circulaire.

Un verrou h, à trou carré, enveloppe l'axe entre les deux lanternes. Ce verrou est composé de deux anneaux 1 et 2, garnis de dents saillantes 3 3, 4 4 ; un levier coudé kk sert à pousser le verrou à droite ou à gauche. S'il le pousse à droite, les dents 3 3 entrent dans des cavités correspondantes pratiquées dans la lanterne d, et ils la fixent. C'est, au contraire, la lanterne f qui est fixée lorsque le verrou est poussé vers la gauche.

Comme les tables de plomb acquièrent beaucoup de longueur par le laminage, il suffit, lorsqu'on veut les soumettre à cette opération, de les couler dans des moules de 1 mètre 95 centimètres (6 pieds) seulement; ou bien on peut les diviser avant de les introduire sous le cylindre, lorsqu'on en a qui dépassent de beaucoup cette dimension.

Les tables que l'on coule dans la fabrique de plomb laminé, située rue de Bercy, n° 20 à Paris, ont 2 mètres 60 centimètres (8 pieds) de longueur, 1 mètre 54 centimètres (4 pieds 9 pouces) de largeur, et 54 millimètres (2 pouces) d'épaisseur, ce qui équivaut à 7,000 kilogrammes (14,000 livres) pesant.

Lorsqu'une table est suffisamment refroidie, on l'enlève par le moyen d'une grue placée dans l'axe du moule, à 3 mètres 90 centimètres (12 pieds) environ de distance de la table. A la grue est attaché un cable muni de son crochet, que l'on passe dans l'œillet dont nous avons parlé plus haut. On la pose à terre pour l'ébarber et la nettoyer du sable et des bavures qui y restent attachés; après quoi on la soulève de nouveau par l'intermédiaire de la grue, pour la diriger vers les cylindres entre lesquels elle doit passer.

Après avoir introduit l'une des extrémités de la table de plomb dans le laminoir décrit ci-dessus, on abaisse, au moyen du régulateur, le cylindre supérieur autant qu'il convient pour la faire mordre, le verrou étant attaché à la lanterne f; après quoi l'on met en mouvement la machine, et la table, convenablement comprimée, passe entre les deux cylindres. Quand toute la longueur de la table est passée, on change le verrou pour l'attacher à la lanterne d, et, sans changer la position des cylindres, on la fait revenir d'où elle était partie : alors on resserre un peu les cylindres; on attache le verrou à la lanterne f, et la table reçoit une nouvelle pression. Il arrive souvent qu'on est obligé de répéter cette opération jusqu'à deux cents fois pour réduire la table à l'épaisseur qu'elle doit avoir, n'augmentant la pression au moyen du régulateur que quand la lanterne f travaille; l'autre, d, ne sert qu'à rappeler la table en sens contraire.

Mais pour obtenir des feuilles extrêmement minces, telles, par exemple, que celles dont on se sert spécialement pour envelopper le tabac, on opère d'abord comme nous venons de l'indiquer, et jusqu'à ce que la table soit parvenue à peu près à l'épaisseur à laquelle on veut la réduire; ensuite on la repasse au laminoir, mais en la posant d'abord sur une table de plomb épaisse et déjà laminée. Par ce moyen, elle peut encore diminuer d'épaisseur, attendu qu'il n'y a que la feuille de dessus qui se lamine.

On place deux châssis d'une largeur égale à celle du laminoir même, devant et derrière les cylindres du laminoir; leur objet est de porter les tables de plomb pendant le cours de l'opération. L'une des parties de ce châssis est recouverte en planches, et sert d'établi pour rouler le plomb lorsqu'il est laminé, ce qui se fait au moyen d'un treuil placé à son extrémité.

C'est aussi du côté où cet établi se trouve que l'on introduit la nappe de plomb entre les cylindres. L'autre partie de châssis est à jour, mais est garnie de cylindres en bois, à 54 ou 81 millimètres (2 ou 3 pouces) environ de distance les uns des autres. Ces cylindres tournent sur leur axe, et facilitent, par leur rotation, la marche de leur table de plomb, qui avance au fur et à mesure qu'elle s'allonge en passant par le laminoir.

Si la table de plomb était placée simplement sur un plancher, l'opération serait infiniment plus difficile qu'elle ne l'est en raison de la disposition dont nous venons de parler, parce que les frottements seraient trop considérables, et feraient refouler la nappe de plomb sur elle-même. Ce sont aussi les frottements qui font tourner les cylindres; mais loin de s'opposer à la manœuvre dont il s'agit, ils la facilitent. On peut donner à chacune des parties du châssis jusqu'à 9 mètres 75 centimètres (30 pieds) de longueur, ce qui dépend, au reste, de l'importance de l'établissement et des dimensions que l'on veut donner aux tables de plomb. Quant à la hauteur, elle doit toujours être à peu près la même : on lui donne ordinairement 1 mètre (3 pieds) environ.

Le laminoir dont nous venons de donner la description exige un moteur très-vigoureux, et nécessite un espace assez vaste pour son emplacement; aussi ne convient-il qu'à de grandes usines.

Celui représenté par les *fig.* 74, 75, 76 et 77, est d'une moins grande dimension; l'invention en est due à M. Droz. C'est l'un des meilleurs en ce genre que l'on ait imaginé. Les orfèvres, les plombiers, etc., auxquels il peut être d'une très-grande utilité, le fixent ordinairement sur un établi au moyen de quelques boulons.

Il est composé de deux petits cylindres a, b (*fig.* 74), travaillés au *tour*, entre lesquels passe la table de métal que l'on veut laminer; ces cylindres sont appuyés sur deux colliers ou coussinets de cuivre ; les coussinets inférieurs sont fixes, et les supérieurs sont mobiles, de manière qu'on peut rapprocher les cylindres plus ou moins, selon l'épaisseur que l'on veut donner à la table de plomb.

Pour hausser et baisser le cylindre supérieur a (*fig.* 74 et 75), on a vissé deux tringles verticales $x\,x$ aux coussinets r, s; celles-ci traversent le chapiteau t qui réunit les parties supérieures des jambages u, u, entre lesquelles les colliers se trouvent placés, et sont fixées par le haut avec des écrous aux quatre angles, à une plate-bande v, v, qui, elle-même, est assujettie à monter et à descendre, suivant qu'on tourne ou détourne des vis qui la traversent, et dont les écrous, placés au-dessus des colliers qui supportent le cylindre, sont fixés aux jambages qui maintiennent le collier. Ces vis portent, près de leurs têtes (*fig.* 74) des pignons m et n, assez espacés pour qu'on puisse placer et fixer entre deux une clef portant un troisième pignon o, qui engrène les deux premiers; de sorte qu'en tournant la clef d'un côté ou de l'autre, on fait élever ou baisser le cylindre supérieur sans que son parallélisme soit dérangé.

Les cylindres sont mus par des manivelles à la main, au moyen de l'engrenage ff, gg, et c'est le cylindre inférieur qui mène le supérieur. Enfin, pour conserver le parallélisme du cylindre supérieur, lorsqu'on le fait hausser ou baisser, deux articulations m et n sont pratiquées à l'axe ou tourillon qui le supporte, et permettent en outre de l'élever et de le descendre, sans qu'il cesse d'être mené par les engrenages ff et gg, attendu que les parties de l'axe du cylindre s'emboîtent l'une dans l'autre.

La *fig.* 76 indique le plan des articulations, et la *fig.* 77 est une coupe qui représente la disposition des coussinets qui supportent les tourillons.

Quant à la marche à suivre pour opérer au moyen de ce deuxième laminoir, elle est à peu près semblable à celle que nous avons décrite plus haut : nous ferons seulement remarquer que la manœuvre doit en être plus simple et plus facile en raison de sa dimension qui est moins grande, et qu'il est d'ailleurs possible de faire varier selon les circonstances qui pourront nécessiter son emploi.

§ 13. *Du plomb moulé.*

Le plomb moulé n'est autre chose que du plomb fondu jeté dans des moules faits exprès, et de la même forme qu'on juge à propos de donner à la matière. Il s'en fait de deux espèces : l'une consiste principalement dans les tuyaux de toutes grosseurs, dont les moules sont ordinairement en cuivre ; l'autre, dans les ornements d'architecture et de sculpture où l'on veut éviter la dépense de la dorure et du bronze, ou qui sont sujets au contact de l'eau. Mais cette partie, dont la plus grande difficulté consiste dans la façon des moules, qui se font ordinairement en terre cuite, ne regarde nullement les plombiers, mais bien les fondeurs en cuivre, et devient par conséquent étrangère à notre sujet.

De la fonte des tuyaux.

Les tuyaux se fondent de deux manières, d'un seul jet ou en plusieurs fois.

Les premiers, auxquels on donne le nom de tuyaux ordinaires, ont 98 centimètres à 1 mètre 30 centimètres (3 à 4 pieds) de longueur, et se soudent les uns aux autres lorsqu'on veut avoir une suite de tuyaux qui dépasse ces premières dimensions.

Les autres se nomment tuyaux sans soudure, et on leur donne ordinairement 3 mètres 90 centimètres à 4 mètres 88 centimètres (12 à 15 pieds) de longueur.

Des tuyaux ordinaires. — Des moules.

Les tuyaux ordinaires se coulent dans des moules de cuivre composés d'un cylindre creux et d'un noyau intérieur nommé *boulon*, dont le diamètre est plus petit que celui du cylindre, et tel que l'intervalle qui le sépare des parois intérieures de l'enveloppe, soit égal à l'épaisseur qu'il convient de donner à la matière qui doit former le tuyau que l'on veut avoir (1). L'enveloppe, ou cylindre extérieur, est divisée en deux parties, dans le sens de la longueur du tube ; ces deux parties ou demi-cylindres s'appellent *côtières*, et on les réunit par des charnières ou brides en fer, lorsqu'il s'agit de couler le plomb. L'appareil est en outre surmonté d'un entonnoir, et porte, dans le haut, de petites ouvertures pour donner issue à l'air déplacé par le métal en fusion, ce qui

____

(1) En général, le calibre d'un tube se mesure par le diamètre intérieur.

est indispensable; car, sans cette précaution, l'air se mêlerait à la matière, et il en résulterait des soufflures qui seraient contraires à la solidité du tuyau.

Pour faciliter la manœuvre du moule, on l'adapte par son milieu, au moyen d'une charnière, à une traverse en fer fixée au bord d'une fosse d'environ 1 mètre (3 pieds) de côté, sur 650 millimètres (2 pieds) de profondeur, le tout disposé de manière que le moule puisse basculer, soit pour lui faire prendre la situation verticale qu'on doit lui donner, afin d'y couler la matière, soit pour le coucher horizontalement, afin de séparer les côtières, pour en retirer le tuyau après son refroidissement.

Avant de couler le plomb, on bouche le bas du cylindre avec un *tampon* de métal, percé au centre d'un trou circulaire d'un diamètre égal à celui du vide intérieur que l'on veut donner au tuyau, pour y introduire le bout du boulon, qui doit toujours sortir hors du moule.

Comme le métal, en se refroidissant, se retire par son milieu, il faut avoir soin de ménager la coulée de manière à remplir le vide occasioné par le retrait, à mesure qu'il se prononce. Ensuite on le laisse se refroidir suffisamment pour que le plomb ne se rompe pas en le remuant.

Les tuyaux fabriqués de la sorte se soudent, ainsi que nous l'avons déjà dit, les uns à la suite des autres, lorsqu'on veut en avoir de plus longs.

§ 14. *Des tuyaux sans soudure.*

Ces tuyaux se coulent dans un moule semblable à celui dont nous venons de parler; mais l'appareil doit être placé plus au-dessus du sol de l'atelier que lorsqu'il s'agit de couler des tuyaux ordinaires, attendu qu'ils sont beaucoup plus longs.

Pour couler ces tuyaux, on opère d'abord comme nous

l'avons décrit ci-dessus; mais l'on ne retire le boulon que de 162 millimètres (6 pouces) seulement, et l'on verse ensuite de nouveau plomb fondu sur l'ancien, auquel il se joint de manière à ne former qu'un seul et même tout, et cela en fondant le bout du tuyau avec lequel il entre en contact.

Le boulon se retire toujours avec un cric, attendu qu'il faut une certaine force pour vaincre l'adhérence du tube coulé avec le noyau.

Avant de couler un tuyau, on doit avoir l'attention de graisser toutes les pièces du moule. Il faut aussi que toutes ces parties soient bien ajustées ; car, si le moule n'était pas bien arrondi, le tuyau serait mal fait ; ou, si le noyau ne se trouvait pas au milieu du cylindre, le tuyau serait plus épais d'un côté que de l'autre, et prendrait une mauvaise forme. Ainsi toutes ces précautions sont utiles pour bien opérer.

Enfin, il faut encore avoir la précaution de bien épurer le plomb avant de l'introduire dans le moule, et il est surtout indispensable qu'il soit assez chaud lorsqu'on le coule pour faire fondre l'ancien, afin qu'il puisse, par là, se lier plus intimement avec lui. Cependant il ne faut pas qu'il soit trop chaud; car, en général, le plomb trop échauffé se calcine ou s'affecte en tubercules ou pores par lesquels l'eau se perd quelquefois, surtout lorsqu'elle se trouve forcée par des réservoirs élevés : c'est encore un défaut qui donne lieu à la réparation continuelle des tuyaux de conduit.

§ 15. *Des tuyaux étirés.*

Les tuyaux étirés sont ceux qui, après avoir été coulés dans des moules ordinaires de 98 centimètres à 1 mètre 30 centimètres (3 à 4 pieds) de longueur, sont allongés, au moyen d'un procédé mécanique, qui les rend capables de produire des tubes d'une très-grande longueur, comparativement à leur dimension première ; mais , dans cette opération, le vide intérieur du tube reste toujours le même ; ce n'est que l'épaisseur du métal qui s'amincit au fur et à mesure que le tuyau s'allonge. On donne ordinairement à ces tuyaux 4 mètres 88 centimètres à 6 mètres 50 centimètres (15 à 20 pieds) de longueur.

Pour opérer cette métamorphose , on passe d'abord le tuyau , muni de son mandrin , entre deux cylindres cannelés, et ceux-ci produisent sur le métal un effet analogue à celui du cylindre du laminoir sur les tables de plomb. Toutefois, comme l'effort obtenu par ces cylindres est insuffisant, lorsqu'il s'agit d'opérer sur des tubes dont l'épaisseur des parois est très-petite, on soumet ensuite les tubes à une deuxième opération , fort ingénieuse en elle-même.

Pour cela , on fait usage d'une poutre très-forte , et très-longue, qu'on appelle *banc à étirer*. Ce banc porte une coulisse, creusée dans sa surface supérieure, et celle-ci est garnie de petits cylindres de bois, susceptibles de tourner sur leur axe au moindre frottement : elle est en outre partagée transversalement en deux parties par une lunette en fer, contre laquelle on applique les diverses filières qui doivent faire refouler le plomb sur lui-même, afin qu'il puisse diminuer d'épaisseur.

Lorsque l'on veut étirer un tuyau, on y introduit préalablement un long mandrin enarbré à une vis dont l'écrou tourne sur lui-même, et que l'on accroche à une forte sangle qui s'enroule sur un treuil placé à l'extrémité du banc à étirer. On fait ensuite passer ce même tuyau par la filière, au moyen de la force motrice qui doit le faire marcher. Il glisse ainsi sur les petits cylindres à coulisse, sur lesquels on doit le poser ; et , par l'effet de la résistance qu'il éprouve en passant par l'œil de la filière , la matière qui le forme se refoule sur elle-même, parce que le diamètre de l'œil du calibre est plus petit que celui du tuyau, mais seulement d'un côté, attendu qu'il a la forme d'un cône tronqué. Enfin, les filières qui succèdent à la première, diminuant toujours de diamètre, il en résulte, à chaque passage, une dépouille d'une certaine couche de plomb, qui profite d'autant à l'allongement du tuyau. Cette opération se renouvelle quatre, cinq et six fois, selon que l'on veut allonger le tuyau ou diminuer l'épaisseur de ses parois, et l'on change à cet effet les calibres autant de fois qu'il est nécessaire. La lunette et les calibres peuvent avoir 18 à 20 millimètres (8 à 9 lignes) environ d'épaisseur.

Dans l'établissement de la rue de Bercy, que nous avons déjà cité plus haut, on a étiré des tuyaux, de cette manière, jusqu'à 16 mètres 25 centimètres (50 pieds) de longueur, et on a employé, à cet effet, des tubes de 98 centimètres à 1 mètre 30 centimètres (3 à 4 pieds) de longueur, et dont les parois n'avaient que 18 millimètres (8 lignes) d'épaisseur. Le mécanisme de ce vaste établissement était mu par des chevaux, qui sont remplacés maintenant par une machine à vapeur.

Les tuyaux étirés sont généralement préférés aux tuyaux soudés ou sans soudure, parce qu'ils sont mieux faits, et qu'ils sont tout aussi solides. On a prétendu que l'étirage affaiblissait le métal ; mais des expériences nombreuses ont suffisamment démontré le contraire. Ils sont même, en quelque sorte, écrouis par cette opération.

Les tuyaux soudés, ou sans soudure, ont aussi, d'ailleurs, leur inconvénient : les uns dépérissent toujours par la soudure, et les autres, qui se soudent également dans de certains cas, sont aussi parfois défectueux dans les parties où se fait la jonction lorsqu'on les coule.

§ 16. *Des tuyaux physiqués.*

Les tuyaux physiqués se font avec du plomb en table,

roulé sur un mandrin , et dont les bords, faits en feuillures, sont ensuite réunis par une soudure plus fine et moins apparente que la soudure à côte, dont nous parlerons plus bas.

Les tuyaux formés de cette manière ne s'emploient guère que pour les tubes d'un diamètre très-grand, et qui ne sont pas susceptibles d'être coulés, ils offrent peu de solidité : on en fait cependant usage dans la plupart des circonstances où ils n'ont aucun effort à supporter.

§ 17. *De la soudure.*

La plomberie ne consiste pas seulement dans l'art de travailler le plomb suivant les différentes manières que nous venons d'exposer ; elle comprend aussi l'art de faire des soudures à l'effet de joindre le plomb avec le plomb, ou le plomb avec d'autres métaux ; enfin , la manière d'appliquer la soudure à chacun de ces différents cas , quelles que soient d'ailleurs les diverses formes et positions que l'on peut faire prendre à ce métal.

De la soudure en général.

Le fer forgé est à peu près le seul métal qui puisse se souder avec lui-même. Pour souder les autres métaux, on emploie ordinairement un troisième métal, d'où il résulte un alliage qui jouit de la faculté de fondre avant les pièces qu'on veut réunir, et en même temps d'adhérer fortement contre elles.

De la soudure en particulier.

Le métal qui approche le plus de la nature du plomb, est, comme on sait, l'étain ; c'est celui que les anciens appelaient autrefois *plomb blanc*, pour le distinguer de celui qu'ils appelaient *plomb noir*, et que nous appelons maintenant *plomb*; mais ce métal seul, quand il est fondu, devient presque aussi liquide que l'eau, coule trop facilement, et ne peut, par conséquent, demeurer en place lors de son emploi, quoique cependant avec un peu d'adresse on peut en venir à bout; d'ailleurs, étant froid, il serait si dur qu'il ferait casser le plomb dans l'endroit où l'un et l'autre se joignent, ce qui arrive encore quelquefois malgré les précautions que l'on prend; mais il est facile de corriger ce défaut en le mêlant avec du plomb.

Cet alliage est encore un art selon les lieux où on l'emploie, car, comme les soudures se font également sur des plans horizontaux, verticaux ou obliques, la soudure qui est trop facile à couler pour les uns est très-bonne pour les autres; et la dose de l'un et de l'autre est une connaissance nécessaire pour remédier à ces sortes d'inconvénients.

Autrefois la soudure ou l'alliage se composait de moitié de plomb et moitié d'étain; mais depuis, on a reconnu que la meilleure proportion était celle d'un tiers d'étain sur deux tiers de plomb, et souvent encore d'un quart de l'un sur trois quarts de l'autre; ce qui fait une soudure beaucoup plus difficile à fondre et à employer, mais qui, cependant, devient convenable dans de certains cas, comme nous le verrons par la suite.

Des différentes soudures et de la manière de les faire.

Il y a plusieurs manières de faire les soudures : les unes se font sur des plans horizontaux ; ce sont les plus faciles ; les autres sur des plans verticaux ; ce sont les plus difficiles; d'autres sur des plans qui participent des deux espèces, c'est-à-dire sur des plans plus ou moins inclinés. Celles-ci ne sont difficiles qu'autant que l'obliquité du plan s'approche de la perpendiculaire ; c'est dans ce dernier cas qu'on emploie la soudure la plus dure à fondre comme coulant plus difficilement, et demeurant plus facilement en place.

Les soudures se divisent en deux espèces : les unes, appelées *soudures à côtes*, servent pour joindre les tables de plomb par leurs côtés, soit pour doubler l'intérieur des réservoirs, la superficie des terrasses, plates-formes, etc., soit pour des tuyaux que l'on appelle alors *tuyaux soudés*, dont nous verrons l'explication ci-après; les autres, appelées *soudures à nœuds*, servent non-seulement à joindre les tuyaux les uns au bout des autres pour des conduits d'eau, mais encore des corps de pompes, portes, clapets, calottes ou brides de cuivre au bout de ces mêmes tuyaux, enfourchements de pompes et autres pièces semblables.

Des soudures à côtes.

Lorsque l'on a deux tables à souder ensemble par leurs extrémités, on commence à gratter le plomb avec un grattoir jusqu'à ce qu'il devienne très-clair et très-brillant. La quantité à gratter est égale à la partie qui doit supporter la soudure: si le plomb n'a que 2 millimètres (une ligne) d'épaisseur, une soudure d'environ 54 millimètres (2 pouces) est assez large; si le plomb a 5 millimètres (2 lignes), la soudure doit avoir environ 81 millimètres (5 pouces), et le reste en proportion.

La même marche a lieu pour les tuyaux soudés, qui ne sont autre chose que du plomb en table, dont la largeur, relative à la circonférence du tuyau que l'on veut faire, est arrondie, repliée sur elle-même et *soudée à côte* comme dans l'opération précédente.

Cette opération du grattage, relativement à la soudure, est tout-à-fait indispensable; elle veut être faite avec soin, car le plomb et la soudure ne sauraient nullement adhérer ensemble pour peu que les pièces fussent un peu malpropres; il en est de même de toutes les autres soudures employées dans les arts.

Mais si le plomb qui a été gratté est d'une forte épaisseur, il est nécessaire, avant de le souder, de l'échauffer, et c'est encore une des conditions attachées à une bonne soudure. Les métaux qui sont très-minces reçoivent instantanément une chaleur suffisante pour faire prendre la soudure.

Mais il en est autrement des feuilles de plomb épaisses, semblables à celles dont nous parlons ici.

Dans ce cas, on les échauffe avec des torches de paille ou des charbons ardents placés au-dessus et autour de l'endroit qu'on veut souder, et même dans l'intérieur des tuyaux. Ensuite, après avoir saupoudré l'endroit de poix-résine, on jette dessus une ou plusieurs cuillerées de soudure liquide qui l'échauffe encore plus ; on frotte les fers à souder sur le plomb ; on manie et pétrit à plusieurs reprises la soudure en la mêlant avec la résine fondue, cette résine attire à elle les ordures et favorise l'adhérence de la soudure et du métal ; on étame bien le plomb, on lie ensuite toute la soudure ensemble ; enfin on chasse le superflu avec le fer même ou un tampon d'étoupe.

Il faut remarquer que s'il est tombé par hasard de l'eau ou de la poussière sur le plomb gratté, ou si on l'a laissé trois ou quatre heures sans l'étamer, la soudure ne peut plus y adhérer, et il faut absolument le regratter de nouveau afin de pouvoir l'étamer.

Un seul ouvrier ne saurait souder et faire chauffer les fers en même temps, surtout quand l'ouvrage est un peu long ; il lui faut alors un manœuvre pour l'aider et lui porter de moments à autres un fer chaud, en reprenant l'ancien qu'il fait chauffer de nouveau.

Des soudures à nœuds.

Lorsqu'on veut faire des soudures à nœuds, dites *nœuds de soudure*, comme, par exemple, pour joindre deux tubes bout à bout, il faut, pour les préparer, les amincir sur leur circonférence chacun aux deux bouts qu'on veut réunir ; on les gratte ensuite extérieurement, suivant la largeur qu'on veut donner au nœud, qui doit d'ailleurs être proportionné au calibre du tuyau : puis on les joint ensemble bout à bout en les faisant entrer un peu l'un dans l'autre, on verse de la soudure au-dessus, et, avec le fer à souder et de la résine, on étame en pétrissant, autant que possible, la soudure, et on ôte ensuite le superflu.

On a soin d'ailleurs, comme dans l'autre cas, de souder les tubes aussitôt après qu'ils ont été grattés ; et si leur calibre intérieur ne passe pas 10 centimètres (4 pouces) de diamètre, la soudure liquide que l'on verse dessus suffit seule pour l'échauffer ; mais si le calibre est plus grand, alors on sera dans la nécessité d'avoir recours à un feu auxiliaire.

Les nœuds de soudure faits pour joindre le plomb avec le cuivre, ou le cuivre avec le cuivre, diffèrent seulement en ce que le cuivre est plus difficile à étamer ; cependant on y parvient sans beaucoup de peine ; mais alors il faut le faire par avance, d'abord en limant avec la lime ou la râpe la partie supérieure qui doit être soudée, ensuite on l'étamera en la frottant soit avec des étoupes ou tampons de filasse, soit avec des fers à souder ; après cela on les réunit bout à bout et on procède à la formation du nœud.

Toutes les soudures des plombiers se rapportent à celle que nous venons de détailler ; ce sont toujours des *soudures à côtes* ou *à nœuds*, qui se pratiquent au moyen des fers à souder, du porte-soudure, de la soudure liquide que l'on verse dessus l'objet ; enfin de la résine qui sert à la faire couler. Toutefois, les soudures qui se font sur des plans inclinés sont non-seulement plus difficiles, mais encore font perdre beaucoup de soudure.

§ 18. *De la manière de séparer la soudure du vieux plomb.*

La manière de séparer les soudures des vieux plombs, est fort simple : elle consiste à les environner de paille ou de charbon, auxquels on met le feu; ce feu échauffe la soudure au point de la faire casser ou couler, et on aide la séparation, d'ailleurs, au moyen de quelques secousses par choc, données à la pièce; ensuite on la ramasse pour la mettre à part; car, quoique ayant servi déjà, et n'ayant plus autant de qualités que la nouvelle, elle ne laisse pas d'avoir encore une certaine valeur. Cependant, si on ne la séparait pas et qu'on la mît indistinctement à la fonte avec le plomb, elle lui ôterait sa pureté, et le rendrait dur et cassant. Pour en tirer parti il faut donc, avant tout, en séparer les parties constituantes.

§ 19. *Du zinc.*

Le zinc est un métal malléable, susceptible de prendre toutes les formes et de se réduire en tables aussi minces que celles de plomb. Il y a plus de 60 ans qu'on l'emploie en Angleterre et qu'on s'en trouve bien ; mais cela n'empêche pas qu'il ait beaucoup de détracteurs. Ces ennemis sont moins ceux qui l'emploient que ceux qui le fabriquent en y mêlant des métaux étrangers qui en altèrent la qualité.

Le directeur du Conservatoire des arts et métiers, voulant éprouver jusqu'à quel point le zinc laminé peut être employé en couvertures, fit, il y a 30 ans, les observations suivantes :

Il examina chaque jour quel effet produiraient, sur ce métal, les variations de l'atmosphère ;

Il reconnut :

1º Qu'après les premières pluies, le zinc s'est couvert d'un oxide blanc sur toute sa surface ;

2º Que le vent et les pluies subséquentes n'ont enlevé que la couche supérieure et superficielle de cet oxide, dont une partie a résisté et est restée adhérente à ce métal ;

3º Que, dans l'espace de trois mois environ, il s'est formé successivement de nouvelles couches d'oxidation de plus en plus légères, sur les parties qui d'abord avaient été le moins oxidées, et à la fin il ne se formait plus d'oxide ;

4º Après le quatrième hiver passé, il s'est formé, sur toute la surface, une espèce de vernis naturel ou d'émail d'un gris-blanc et mat, sur lequel les eaux pluviales coulaient sans produire aucun effet. Ce vernis, à la couleur près, ressemble beaucoup à l'oxide qui se forme sur le bronze, et que l'on nomme patine, et à la couche brune qui se forme sur le plomb.

Un chimiste a fait oxider, par la vapeur et l'exposition à l'air, une pièce de zinc laminé, l'a essuyée et fait oxider de nouveau pendant quelques jours, puis l'a trempée dans de l'acide nitrique : il a fait tremper aussi, dans le même acide, une pareille pièce de zinc dont la surface était neuve; il a observé que l'acide attaquait vivement la pièce de zinc neuve, et qu'il ne mordait qu'à peine, et plus à la longue, sur la lame qui était bronzée par son oxide.

Tout ce que je viens d'annoncer est encore confirmé par ce qui est pratiqué à Paris dans quelques ateliers où l'on emploie de grands vases, des réservoirs et des fontaines en zinc. Les premiers jours, on hâte l'oxidation, et on la produit artificiellement ; on essuie et l'on frotte fortement l'intérieur des vases, mais sans enlever le vernis qui s'est formé ; on se sert ensuite de ces vases, et il ne s'y forme plus d'oxide.

On a dit que le zinc, employé pour les couvertures d'édifices, pourrait présenter un grand inconvénient en cas d'incendie, qu'il s'enflammerait et brûlerait avec déflagration.

Il est connu que le zinc fondu dans un creuset, ou dans un four à réverbère avec le contact de l'air, ne s'enflamme pas à son simple état de fusion : on peut même le chauffer au point de le faire rougir, et il ne s'enflamme pas encore. Il faut pousser le feu jusqu'à ce qu'il passe du rouge au blanc, alors il s'enflamme, se volatilise et se répand dans l'air sous la forme d'un flocon aussi blanc et aussi léger que du coton ; dès qu'il est volatilisé sous cette forme de laine blanche, il est consumé et dépourvu de tout principe inflammable.

On a voulu comparer la ténacité du zinc avec celle du plomb : pour cela, on a pris deux bandes de l'un et de l'autre métal, dans les dimensions d'un décimètre (3 pouces 10 lignes) de longueur, un centimètre (5 lignes) de largeur, sur un millimètre ($\frac{1}{2}$ ligne) d'épaisseur ; les extrémités étant chargées de soudures, pour les fixer par des étaux, on les a suspendues l'une et l'autre par leur extrémité supérieure, chacune à un point fixe ; on a adapté, à l'extrémité inférieure de chaque lame, un étau à main, portant par en bas un crochet que l'on a chargé de poids. La lame de plomb a rompu une fois à 17, une autre fois à 19 kilogrammes de charge ; celle de zinc a cédé sous l'effort de 112 kilog. la première fois, et de 115 la seconde. Ces deux bandes avaient été prises dans le sens de la longueur de la planche laminée. Une troisième bande prise dans le sens de la largeur de la planche, a rompu par 110 kilogrammes.

Donc, en prenant 18 et 112 pour terme moyen, il s'ensuivrait que le zinc a une force 6 fois plus grande que celle du plomb, ou que la ténacité du zinc est à celle du plomb comme 6 est à 1. Il faut conclure de cette expérience, qu'une planche de zinc d'un millimètre (tiers de ligne) d'épaisseur a autant de consistance qu'une planche de plomb de 5 millimètres (2 lignes). Mais, en n'adoptant même que la proportion de 4 à 1, il reste démontré, à bien plus forte raison, que la planche de zinc, à un millimètre (tiers de ligne) d'épaisseur, que l'on fournit pour couvertures, a plus de consistance qu'une planche de plomb à 3 millimètres (1 ligne $\frac{1}{4}$) d'épaisseur, qui est la force à laquelle on emploie le plomb laminé sur les bâtiments.

La ténacité du zinc étant beaucoup plus grande que celle du plomb, on peut employer du zinc laminé à 4 points d'épaisseur, où l'on emploierait du plomb à 15 points d'épaisseur ; il faut donc, dans le calcul de l'économie, composer le rapport de 7 $\frac{1}{2}$: 11, qui est celui de la pesanteur spécifique, avec celui de 4 : 15, qui est celui que nous avons adopté pour l'épaisseur relative, et nous aurons le rapport suivant :

Le poids d'un mètre carré (3 pieds carrés) de couverture en zinc est au poids d'un mètre carré de couverture en plomb : : 30 : 165 ou 2 : 11.

Ainsi, toute partie de couverture qui coûterait en plomb 500 francs, ne coûtera en zinc que 200 francs de premiers déboursés, indépendamment de la grande différence des intérêts qui courront sur les deux capitaux, et de l'économie sur la force des charpentes.

Rapports d'économie entre le zinc et le cuivre.

Deux feuilles de la même épaisseur, l'une de zinc, l'autre de cuivre, offrent la même fermeté et la même résistance à la force qui tendrait à les plier, et pour les travaux des édifices, tels que les couvertures et les cheneaux, ces deux métaux peuvent être employés à la même épaisseur. Ainsi, les rapports d'économie ne sont composés que de leurs poids et de leurs prix relatifs.

Pour 200 mètres carrés en zinc, la dépense en capital et intérêts serait de. . . . . 20,025 fr.

Pour 200 mètres carrés en cuivre rouge, la dépense en capital et intérêts serait de. . . . 59,250 fr.

Excédant de la dépense du cuivre sur le zinc, 59,225 fr.

Ainsi, la dépense d'une couverture en cuivre est à celle d'une couverture en zinc ∷ 5 ∶ 1, à très-peu de chose près ;

Et le poids d'une couverture en cuivre est au poids d'une couverture en zinc, à épaisseurs pareilles ∷ 250 ∶ 186 ou ∷ 4 ∶ 5.

Les chencaux que l'on pose le long des toits, sont l'une des choses pour lesquelles les feuilles de zinc conviennent le mieux.

Pour cet usage on les fait de 25 centimètres (9 pouces 4 lignes) de large, de 2 à 5 mètres (6 à 9 pieds) de long, et d'un demi-millimètre ($\frac{1}{4}$ de ligne) d'épaisseur. Les 53 centimètres (1 pied) courants ne pèsent alors que 75 décagrammes (1 livre $\frac{1}{2}$). Ces chencaux étant légers, surchargent peu les crampons ; la longueur des feuilles fait qu'il n'y a de soudures que de loin en loin. Les chencaux en plomb, ceux en fer-blanc, sont moins avantageux : les premiers sont trop pesants et plus chers, les derniers coûtent le même prix et sont trop promptement rongés par la rouille ; mais il faut reconnaître que l'extrême dilatation du zinc le rend beaucoup moins propre à cet usage.

Les tuyaux de descente d'eaux, destinés à faire passer les eaux du toit jusqu'au rez-de-chaussée d'une maison, doivent être faits en zinc plutôt qu'en cuivre, en plomb, en fer de fonte, ou en fer-blanc. Le cuivre est trop cher pour cet emp'oi, le plomb est trop lourd, il entraîne les crampons qui le soutiennent ou il se déchire ; le fer de fonte, s'il vient à se briser dans les gelées, ne peut se souder sur place, il faut alors remettre des tuyaux neufs ; le fer-blanc est rempli de soudures de 40 en 40 centimètres, il se rouille et dure peu, et quand il est brisé, les morceaux n'ont aucune valeur. De pareils tuyaux en zinc n'ont pas un de ces inconvénients, ils sont moins chers de moitié qu'en cuivre ; plus légers, plus forts et par là moins chers qu'en plomb ; ils peuvent se souder et se raccommoder sur place ; ils n'ont de soudures que tous les trois mètres, et ne sont pas plus chers qu'en fer-blanc.

§ 20. *Manière de travailler le zinc.*

On peut donner au zinc plus ou moins de douceur et le disposer plus ou moins à être travaillé sous le marteau, en lui donnant un *recuit* sur un feu doux : on le fait chauffer à une température de 90 degrés environ, qui est un peu supérieure à celle de l'eau bouillante, ou jusqu'à ce que le soufre d'une allumette qu'on y applique puisse y prendre feu : alors on le travaille aisément, et il est plus facile à emboutir et à rétreindre sous le marteau. Après ce recuit, on peut le laisser refroidir et le travailler à froid ; il a acquis par là plus de douceur, et, en cet état, il est propre à beaucoup d'ouvrages de ferblanterie. Si l'ouvrier a besoin de le contourner avec un pli double, ou une vive-arête, ou s'il est obligé de faire cela sur un toit, où il ne peut, comme dans son atelier, passer la feuille sur le fourneau, il a cependant, comme tous les plombiers, un outil à souder et un réchaud ; il suffit alors qu'il échauffe, avec son fer à souder, la ligne du métal sur laquelle il veut faire un pli, en frottant deux ou trois fois le fer échauffé sur cette ligne, successivement sur une longueur de 55 centimètres (1 pied) environ, à mesure qu'il forme l'arête ; le métal se trouve recuit par ce frottement de fer chaud, et il est disposé à se plier avec facilité. Quelques ouvriers ne manqueront pas d'objecter qu'il est bien plus aisé de tourner une feuille de plomb sur un toit. Cela est vrai, car ce métal est si mou, qu'à peine est-il nécessaire d'y employer le marteau, la pression des mains y suffit souvent ; mais aussi l'ouvrage est d'autant plus sujet à des réparations continuelles par le défaut de ténacité de ce métal.

Si l'on voulait travailler dans un atelier un tuyau de zinc, on le ferait avec plus de facilité en le faisant traverser par une barre de fer un peu chauffée. Cependant les gros tuyaux d'un diamètre au-dessus de 7 centimètres (2 pouces 8 lignes), se travaillent aisément à froid si le zinc a été re- cuit à un feu doux.

§ 21. *Manière de souder le zinc.*

La soudure s'en fait à l'étain pur. Il convient que l'ouvrier se serve d'un outil à souder en acier, pareil à celui que les ferblantiers ont en cuivre, qu'ils font rougir et dont ils se servent pour étendre la soudure. Quand elle est bien faite, elle est d'une adhérence plus forte que celle du métal même.

Pour souder solidement, il faut commencer par nettoyer les deux places qui doivent être soudées l'une sur l'autre, les gratter avec un racloir et les découvrir à blanc, de manière que la surface soit bien métallique, et qu'elle ne présente aucune crasse ni aucune partie étrangère : puis on étame les deux parties avec de l'étain pur ; dans cet état, on les de rapproche l'une de l'autre, et avec une plume servant pinceau, on étend sur le joint une goutte du fondant dont on va donner la composition. On prend ensuite l'outil à sou- der, qu'on a fait chauffer sur le réchaud, on le passe sur le joint une ou deux fois ; la soudure coule, les deux parties étamées s'unissent entre elles avec une telle force, que l'on fait des efforts inutiles pour séparer les pièces à l'endroit de la soudure : le métal se rompt plutôt à côté.

Pour faire couler la soudure, on emploie la composition suivante : on fait dissoudre du sel ammoniac dans de l'eau, et de la poix-résine ou colophane dans de l'huile, on mêle ensemble ces deux dissolutions, et l'on se sert de ce mélange comme fondant, en l'étendant avec une plume ou un pinceau, sur le joint des deux pièces, que l'on a pressées l'une contre l'autre.

CHAPITRE II.

OBJETS AUXQUELS LE PLOMB ET LE ZINC PEUVENT ÊTRE EMPLOYÉS.

Des cuvettes.

La confection des cuvettes, auxquelles on donne tantôt la forme d'un cône renversé, c'est-à-dire celle d'un entonnoir, tantôt la forme d'une hotte, pour pouvoir mieux les appliquer contre les murs, et quelquefois aussi celle d'un prisme triangulaire ou quadrangulaire, ne présente dans aucun cas la moindre difficulté.

Pour tracer une cuvette en forme d'entonnoir, on déterminera à l'avance le diamètre que l'on voudra donner à la plus grande ouverture ou base du cône renversé. On portera ce diamètre sur la nappe de plomb destinée à former la cuvette, en ab, par exemple, *fig.* 78 ; on partagera cette ligne en deux parties égales, ac et cb ; et du point c, comme centre, on décrira le demi-cercle adb, qui sera la courbe suivant laquelle on découpera la nappe de plomb pour avoir le bord supérieur de l'ouverture de l'entonnoir. Ensuite, du même point c, et avec un autre rayon égal au demi-diamètre de l'ouverture inférieure, on décrira l'arc *m f g* ; on évidera le demi-cercle *c, e, f, g,* et la courbe *e f g* sera le bord inférieur auquel devra s'ajuster le tuyau de descente. Cela fait, on relevera la nappe, ainsi découpée, de dessus la table où elle aura été appliquée pour opérer, et l'on rapprochera les deux arêtes *a c* et *g b* pour les souder ensemble.

Le rapport qui doit exister entre les deux diamètres *ab* et *eg*, ne peut être constant, parce qu'il dépend du plus ou moins d'ouverture que l'on veut donner à la cuvette. Cependant, celui que nous avons indiqué est le plus grand que l'on puisse raisonnablement admettre, c'est-à-dire une partie pour le diamètre de l'ouverture inférieure et trois pour celui de l'ouverture supérieure, en supposant l'une de ces parties égale à la distance *fd* de la surface du cône.

Enfin, lorsqu'on voudra lui donner moins d'ouverture, il suffira de tirer des rayons tels que *ca', cb'*, en place de ceux *ca, cb*; de découper la nappe de plomb suivant leur direction, et l'on diminuera ainsi d'autant le développement du pourtour et conséquemment l'ouverture supérieure du cône.

Les cuvettes à *hotte* sont formées de deux parties : l'une qui en est le dossier, est le côté qui doit être appliqué à plat contre le mur ; l'autre est le devant, mais n'est autre chose qu'un demi-cône tronqué et soudé au dossier. On donne ordinairement à ce dossier 487 millimètres (1 pied ¹/₂) dans sa plus grande largeur.

Quant aux cuvettes qui affectent d'autres formes que celle d'un cône entier ou d'une hotte, notamment les cuvettes qui sont placées dans les coins ou angles formés par deux corps de bâtiments, elles se tracent toujours, lorsqu'elles ont une partie circulaire, d'après le même procédé que nous avons indiqué pour le cône entier ; mais dans cette hypothèse, elles doivent avoir deux dossiers ou parties plates au lieu d'un. Souvent aussi les cuvettes sont triangulaires.

Enfin, lorsque les cuvettes sont destinées à être placées près des croisées, leur forme peut être celle d'un prisme quadrangulaire; mais, dans tous les cas, l'ouvrier le moins intelligent le sera toujours assez pour exécuter des tracés aussi simples, sans que nous pensions qu'il soit nécessaire d'indiquer ici la marche suivie pour y parvenir. Cependant, nous ferons remarquer que, indépendamment des côtés qui forment les parois de ces cuvettes, il faut encore qu'elles aient un fond incliné et percé d'un trou circulaire auquel doit s'adapter le tuyau de descente.

Pour fortifier les cuvettes, on leur fait un *bourrelet* en abattant le bord supérieur avec un instrument de bois léger appelé *bourseau*, lequel n'est autre chose qu'une espèce de maillet; et lorsqu'elles sont destinées à servir d'entonnoir à des tuyaux de descente pour les maisons particulières (on peut aussi les employer dans les combles), on ne doit point omettre d'y introduire ce qu'on appelle vulgairement une *crapaudine* ou *pommelle*, espèce de plaque trouée qui se pose et se soude au fond de l'entonnoir, pour ne laisser passer que les eaux et retenir les corps étrangers qui pourraient s'introduire dans les tuyaux de descente et les obstruer.

Des cheneaux, des gouttières, des noues, des faîtages, etc.

Toutes ces diverses parties, dont l'objet est de conduire les eaux loin des murs, ou de s'opposer à leur infiltration dans l'intérieur des combles des bâtiments particuliers ou des édifices publics, sont d'une exécution fort simple en elle-même; car chacune de ces parties étant donnée, puisque les cheneaux, les combles, etc., se construisent d'abord avec les matières qui leur sont propres, il ne s'agit que d'en prendre les développements, de reporter ceux-ci sur les nappes de plomb, pour les découper ensuite, et de les appliquer en dernier lieu sur les parties que l'on veut revêtir, en leur donnant toutefois les formes convenables, ce qui se fait à coups de battes et autres instruments semblables ; après quoi l'on soude comme nous l'avons indiqué plus haut.

Quand on emploie le zinc à ces objets, les mesures à prendre sont à peu près les mêmes ; mais les feuilles superposées valent mieux que celles soudées. On doit en ce cas les fixer avec de petits crochets à têtes plates, ou bien avec des petits crampons de zinc s'agraffant l'un dans l'autre, et mettre sur les bords des pattes en fer étamé.

Des couvertures.

Les couvertures en plomb sont de deux espèces : l'une en ardoises de plomb ou zinc, et l'autre en nappes.

La première espèce se fait avec de petites tables de plomb découpées comme les ardoises ordinaires, et clouées de même sur la volige ; mais on en fait rarement usage, si ce n'est dans les couvertures des flèches aiguës ou dans quelques autres circonstances analogues.

Quant à la deuxième espèce, pour laquelle on se sert de nappes de plomb de 98 centimètres à 1 mètre 50 centimètres (3 à 4 pieds) en longueur et largeur, on l'emploie particulièrement dans les couvertures des dômes, des combles à surfaces planes ou courbes, des auvents, des terrasses, etc.

Pour découper les nappes, on développe d'abord les diverses parties à couvrir, et c'est au moyen de ces développements que l'on trace les panneaux sur les feuilles de métal, en ayant soin toutefois d'y comprendre les parties qui doivent se superposer. Ces panneaux s'appliquent ensuite sur l'aire destinée à les recevoir ; et, afin de bien les aplanir, de manière à ce que le plomb porte également bien partout, on les bat avec des battes plates ou rondes, selon le cas.

Les diverses pièces qui forment une couverture en plomb, peuvent être fixées sur les voliges par différents moyens : on peut faire usage de clous à tête étamée, sur laquelle on applique une soudure pour empêcher l'humidité de pénétrer, ou n'employer simplement que des clous ordinaires, dont on recouvre la tête par une soudure. Quant à ce qui concerne leur jonction, on les place de manière à ce qu'elles se recouvrent un peu, et l'on soude ensuite. Mais comme dans ces sortes de couvertures, de même que dans toutes celles qui sont en métal, il faut prévoir et prévenir les inconvénients qui résultent des effets de la dilatation, il est préférable d'accrocher les feuilles les unes dans les autres au moyen d'un repli, ce qui permet à celles-ci de s'étendre et de se mouvoir sans laisser pénétrer les eaux. (*Voyez* la *fig.* 79.)

Bien que le plomb soit encore d'un usage assez général, il n'est cependant pas également avantageux dans toutes les circonstances, principalement, dans son application aux couvertures des combles en charpente ; outre qu'il est très-dispendieux, il a l'inconvénient de les charger considérablement, et de rendre les constructions dans lesquelles il est employé en grande quantité, inabordables en cas d'incendie, parce qu'il se fond facilement, et que son écoulement peut entraîner à de graves inconvénients, dont le moindre est sans contredit de retarder l'extinction du feu. Cet effet a plus d'une fois été observé dans les constructions anciennes ; on a remarqué aussi que, dans ces sortes de couvertures, le plomb peut être percé par les vers qui travaillent dans l'intérieur des charpentes qui sont faites en bois susceptible d'être attaqué par ces insectes, ce qui donne lieu à des gouttières préjudiciables, surtout lorsqu'elles sont situées dans la partie de la toiture destinée à recueillir les eaux. Dans ce cas, on peut le remplacer avec avantage par le cuivre, qui est le meilleur de tous les métaux propres à former des couvertures; et bien qu'il soit beaucoup plus dispendieux que le plomb, il doit y avoir à la longue quelque économie à l'employer, parce qu'il conserve aussi sa valeur intrinsèque, qu'il n'exige aucun entretien, qu'il charge moins les charpentes, attendu qu'il peut être utilisé en feuilles beaucoup moins épaisses; et qu'enfin il n'est sujet à aucun des inconvénients signalés plus haut. On peut aussi le remplacer par des feuilles de zinc; mais les constructeurs ne sont point encore bien d'accord sur les avantages que ce métal procure, relativement à sa durée. Quant à son prix, il est inférieur à celui du plomb.

Indépendamment de toutes les raisons qui motivent la préférence que l'on accorde maintenant à certains métaux sur le plomb, on a aussi objecté, et c'est avec raison, qu'ayant une valeur intrinsèque qui ne diminue guère, même après son emploi, il a souvent excité la cupidité des malfaiteurs, et donné lieu à des vols parfois très-considérables; aussi le prodigue-t-on moins aujourd'hui qu'on ne le faisait autrefois, non-seulement pour les couvertures, mais pour les tuyaux de conduite et de descente, où il peut être avantageusement remplacé par le zinc ou le fer-blanc, et mieux encore par le fer fondu. Toutefois, nous sommes loin de vouloir l'exclure entièrement des constructions; nous n'ignorons pas qu'il est des circonstances où il serait difficile de le remplacer.

Depuis les premières éditions de ce Manuel, où ce que l'on vient de lire était en note, l'expérience a démontré que les feuilles de cuivre l'emportent sur le plomb, sous tous les rapports, dans les grandes constructions; et le zinc est devenu d'un emploi si fréquent que son prix a presque doublé; on y fait des plaques acidulées en losange qui sont fort belles et fort commodes et qui se placent comme l'ardoise.

Des bassins et des réservoirs.

Les feuilles de plomb employées pour les bassins et les réservoirs doivent être appliquées sur une aire en maçonnerie bien plane ; elles se soudent ensuite.

On fait aussi des réservoirs en charpente, que l'on recouvre également avec du plomb en table.

S'il s'agit de réservoirs à placer sur les toits, on peut les faire en zinc n° 14, avec un bourrelet dans lequel est renfermée une tringle de fer ; s'il s'agit de réservoirs sur le sol et surtout sous terre, le zinc doit être rejeté, car il pourrit en peu de temps.

Observations générales sur l'emploi du plomb et du zinc.

Les plombs employés pour les travaux, doivent être de la meilleure qualité, bien épurés et bien doux, ni graveleux ni terreux, sans crevasses ni soufflures.

On préférera à tout autre, celui qui aura été coulé sur pierre ou sur toile, et non laminé, afin de mieux conserver l'agrégation des molécules.

Dans les travaux par entreprise, le plomb et la soudure employés pour scellement ou réparations, se pèsent avant leur emploi, et se paient au kilogramme, compris la main-d'œuvre du scellement ou du soudage, et l'on déduit du poids trouvé, ce qui reste du métal après l'ouvrage achevé.

Les plombs en nappes et tuyaux se paient également, toute fourniture de soudure, etc., et toute main-d'œuvre comprise. Les prix varient selon qu'ils sont avec ou sans soudure. Enfin les vieux plombs se reprennent par les plombiers lorsqu'il s'agit de réparations. Ils se remplacent par un poids égal de plomb en œuvre, façonné et mis en place sous la forme convenable ; et celui-ci se paie au même prix que les plombs neufs, diminué d'une quantité constante, qui est calculée d'après la valeur du plomb dont on a retranché le déchet du métal.

Quant au zinc, il est toujours laminé et numéroté. Il faut, pour être sûr de ne point se tromper, spécifier dans le marché le nº du zinc qui doit être employé et en prendre un échantillon pour être comparé avec celui mis en œuvre ; cela est d'autant plus important que l'on trouve souvent des feuilles qui n'ont pas la même épaisseur partout, quoiqu'elles aient le même poids entre elles, et que cela sert quelquefois de prétexte au fournisseur pour placer des feuilles plus minces que celles du numéro convenu. Avec la précaution que nous indiquons, le plombier sachant que toute erreur ou toute fraude est impossible, mettra de côté les feuilles ou parties de feuilles défectueuses, et chacun aura son compte.

De l'étamage du plomb.

Le plomb peut s'étamer comme le cuivre : on appelle cette opération *blanchir le plomb*, mais il est peu de circonstances qui nécessitent ce surcroît de dépense.

Le procédé employé à cet effet ne présente aucune difficulté ; il suffit pour cela d'étendre la feuille de plomb que l'on veut blanchir, sur deux tréteaux, et de placer dessous un petit réchaud rempli de charbons ardents, afin de l'échauffer pour faciliter la fonte de l'étain que l'on jette dessus après lui avoir fait subir, toutefois, une première préparation.

Cette préparation consiste à mettre d'abord l'étain en fusion dans une marmite, et à le jeter ensuite par petites cuillerées sur une table très-propre, pour lui laisser le temps de se refroidir un peu, parce que si on le jetait, immédiatement après avoir été fondu, sur les feuilles que l'on veut étamer, il arriverait que celles-ci se *persilleraient* ou se fendraient dans les endroits où la matière en fusion serait en contact avec le plomb.

Lors donc que l'intensité de la chaleur des petits éclats d'étain sera suffisamment diminuée, on les éparpillera sur la feuille de plomb échauffée préalablement, et comme l'étain fond beaucoup plus vite que le plomb, les petits éclats ne tarderont pas à se dissoudre complètement en globules qu'on étendra, sans perdre de temps, au moyen d'une poignée d'étoupes, trempée dans de la poix-résine, afin de la graisser un peu. L'étain, ainsi étendu sur le plomb, ne tardera pas à s'y imprégner et s'y attachera même en aussi grande quantité qu'on le voudra.

Cette opération terminée pour une partie, se recommence pour une autre de la même feuille, et ainsi de suite pour le tout; après quoi on la roule, le côté étamé en dedans pour ne point le salir, et de manière à pouvoir transporter la feuille sans l'abîmer.

Enfin, quelle que soit l'étendue de la feuille de plomb que l'on aura à étamer, on observera une marche analogue à celle que nous venons d'indiquer; et lorsqu'on aura à blanchir les ornements, on se guidera aussi suivant le même principe, c'est-à-dire qu'il suffira de les échauffer, n'importe comment, avant de les couvrir d'étain.

Table des dilatations linéaires qu'éprouvent différentes substances, depuis le terme de la congélation de l'eau jusqu'à celui de son ébullition, d'après MM. Laplace et Lavoisier.

Noms des substances.	Dilatations en décimales.	Dilatations en fractions ordinaires.
Acier non trempé. . .	0,0010791	$\frac{1}{927}$
Argent de coupelle. .	0,0019097	$\frac{1}{525}$
Cuivre rouge.	0,0017175	$\frac{1}{582}$

Noms des substances.	Dilatations en décimales.	Dilatations en fractions ordinaires.
Cuivre jaune.	0,0018782	$^{1}/_{533}$
Etain de Falmouth. .	5,0021738	$^{1}/_{462}$
Fer forgé.	0,0012203	$^{1}/_{519}$
Fer passé à la filière. .	0,0012350	$^{1}/_{512}$
Flint-glass anglais. .	0,0008117	$^{1}/_{1248}$
Or de départ.	0,0014661	$^{1}/_{682}$
Or au titre de Paris. .	0,0015515	$^{1}/_{646}$
Platine.	0,0008565	$^{1}/_{1167}$
Plomb.	0,0028424	$^{1}/_{554}$ (1)
Verre de St.-Gobain.	0,0008909	$^{1}/_{1122}$
Le mercure se dilate en volume depuis zéro jusqu'à + 100°. .	0,018018	$^{100}/_{5550}$
L'eau de	0,0433	$^{1}/_{23}$
L'alcool de	0,10000	$^{1}/_{9}$
Tous les gaz de . . .	0,375	$^{200}/_{267}$

Table qui indique le poids que peuvent soutenir des barres de différents métaux d'un centimètre d'équarrissage.

	kilog.
Or tiré.	818,59
Argent tiré.	1020,74
Cuivre rouge.	2522, 0
Acier non trempé.	8286, 0
Acier trempé revenu jaune. . .	10000, 0
Fer forgé.	3000, 0
Fonte de fer.	2540, 0
Etain.	414, 0
Plomb.	122, 0
Zinc	152, 0

(1) Celle du zinc, qui n'est pas comprise ici, est plus du double de celle du plomb.

CHAPITRE III.

VOCABULAIRE DU PLOMBIER.

Ajoutoir.

Pièce de cuivre ronde et à jour, que l'on soude à l'extrémité des conduites des jets d'eau, et qui en forme la gerbe.

Ajutages.

Petits tuyaux de fonte de formes différentes, telles que têtes d'arrosoirs, etc., qu'on ajuste au bout des tuyaux de fontaine pour donner à l'eau diverses directions.

Alliage.

Combinaison métallique, ordinairement obtenue par fusion. La densité d'un alliage est quelquefois plus grande et quelquefois plus faible que celle de ses composants. Quand on expose les métaux à l'action de l'oxigène du chlore ou de l'iode à une température élevée, ils prennent feu, et, en se combinant, ils sont convertis en corps d'apparence terreuse ou saline, privée d'éclat et de ductilité. On peut faire des alliages de plomb et d'étain ; plomb et cuivre ; plomb, cuivre, étain ; plomb, antimoine, étain ; cuivre, étain, zinc ; cuivre et zinc ; étain et zinc ; plomb et zinc ; et beaucoup d'autres qui passaient pour douteux, s'effectuent, mais avec beaucoup de précaution, sans aucune utilité pour le plombier, ce qui nous dispense d'entrer ici dans des détails qu'on trouvera dans le *Manuel des alliages métalliques*, qui fait partie de l'*Encyclopédie-Roret*.

Ambouir.

C'est rendre une pièce de plomb ou de tout autre métal, convexe d'un côté et concave de l'autre.

Aplomb.

Se dit d'un tuyau qui ne penche ni d'un côté ni de l'autre ; c'est le synonyme de *vertical.*

Ardoises de plomb ou de zinc.

Morceau mince et découpé comme les ardoises ordinaires, carrément ou en forme d'ovale.

Arêtier.

On donne ce nom aux bandes de métal qui recouvrent les arêtiers des combles.

Attelles.

Ce sont deux morceaux de bois creux, qui, étant mis l'un contre l'autre, forment une poignée servant à prendre les fers soudés.

Attisoir.

Barre de fer crochue par un bout, dont on se sert pour attiser le feu.

Auge.

Vase de cuivre jaune, placé au haut du moule où l'on coule les tables avant de les laminer ; son objet est de recevoir le plomb qui est dans la chaudière, par le moyen d'un canal de tôle portatif qui le lui transmet, pour le verser ensuite sur le moule ; ce qui se fait par l'entremise de deux bascules que les ouvriers font mouvoir pour renverser l'auge qui contient le plomb.

Mécanicien-Fontainier.   22

Auget.

Petit baquet de bois pour recevoir et gâcher le plâtre qui sert aux plombiers pour fixer et poser les tuyaux.

Baguette.

C'est l'ourlet qui résulte de l'assemblage de deux tables de plomb accrochées l'une dans l'autre; ce qui tient lieu de soudure.

Bâton à labourer.

Ce bâton, aminci par un bout, sert pour labourer le sable sur lequel on coule le plomb en table.

Balte plate.

Demi-rondin de 81 millimètres (3 pouces) de large et 325 millimètres (1 pied) de long, y compris le manche; le tout d'une seule pièce. Les plombiers en font usage pour dresser les tables de plomb, en les battant par le côté qui est plat.

Balte ronde.

Elle diffère de la balte plate en ce que le rondin est entier. On s'en sert pour former des tuyaux ou autres ouvrages en plomb, dont les formes sont arrondies.

Bavette.

Bande de plomb qui couvre les bords des lucarnes ou des cheneaux.

Boulon.

Noyau de fer rond, placé au centre du moule à faire les tuyaux de plomb sans soudure.

Bourrelet.

Replis que l'on fait sur les bords d'une plaque de plomb ou de zinc pour la fortifier.

Bourrer.

Les plombiers disent que leur plomb bourre lorsqu'il s'arrête sur le sable, et qu'il forme ce qu'ils appellent des *marrons*.

Bourseau à battre.

Instrument de bois léger, espèce de batte, servant à faire le bourrelet des cuvettes.

Bourseau rond.

Instrument de bois, plat d'un côté, arrondi de l'autre, servant à battre et à arrondir les tables de plomb pour en faire des conduits, etc.

Branches de tuyaux.

Plusieurs tuyaux joints ensemble par des nœuds de soudure.

Brasier.

Pour accélérer la fonte du plomb, on peut employer deux brasiers : l'un se place alors dessus la chaudière et l'autre au-dessous.

Brides.

Étriers serrés par des vis à écrous qui remplacent quelquefois les nœuds de soudure pour fixer des branches de tuyaux ; et pour empêcher que les eaux ne filtrent à travers les joints, on interpose, entre les tuyaux et les brides, une bande de cuir.

Buveau ou Beveau.

Sorte d'équerre à branches mobiles propre à mesurer les angles.

Caler.

On cale les tuyaux de distance en distance pour qu'ils ne s'affaissent pas par leur propre poids, ce qui les ferait crever.

Cendrées.

Mélange de charbons et de crasses qui viennent à la surface du plomb mis en fusion. Dans aucun cas on ne doit les y laisser.

Chappes.

Ce sont les deux poignées qui servent à fermer ou à ouvrir le moule dans lequel se fondent les tuyaux.

Charbon.

Lorsqu'il est incandescent, on en jette dans le plomb pour le revivifier.

Charnières.

Les charnières des moules à tuyaux, ainsi que ses chappes, se font ordinairement en cuivre jaune.

Châssis.

C'est la bordure d'une table à couler le plomb. Cette bordure retient le sable sur lequel on verse le plomb, et détermine les dimensions que l'on veut donner à la pièce que l'on coule. Les deux grands côtés du châssis se nomment *éponges*, et soutiennent le râble à une hauteur convenable relativement à l'épaisseur que l'on veut donner à la table.

Le châssis d'un laminoir est l'endroit où les tables se laminent.

Chaudière.

Vase dans lequel on fond le plomb ou la soudure.

Chéneau.

Canal en bois ou de maçonnerie revêtu de plomb, posé sur la corniche des bâtiments, et destiné à recevoir les eaux du toit pour les diriger ensuite vers les cuvettes et les tuyaux de descente.

Chevalet.

Les chevalets servent pour supporter les tuyaux que l'on veut souder. On s'en sert aussi comme moyen d'exhaussement.

Ciseau.

Instrument employé pour gratter le plomb aux endroits des soudures, et pour fendre les tables.

Clavette.

Espèce de clou que l'on met dans les chappes du moule à couler les tuyaux pour empêcher qu'elles ne se séparent.

Compas.

Instrument qui sert à décrire des cercles, prendre des longueurs, etc.; il doit être en fer. Pour aciérer les pointes, on les fait rougir au feu, et on les trempe dans de l'huile ou du suif.

Côtières.

Ce sont les deux parties d'un moule : elles doivent se séparer pour en ôter le tuyau.

Couper le plomb.

Le plomb en table se coupe avec un ciseau et à coups de maillet. Les tuyaux se coupent de la même manière; mais il faut y introduire d'abord un rondin pour maintenir le plomb et empêcher qu'il ne ploie par l'effet des coups de maillet.

Couture.

C'est la ligne de jonction formée par deux bandes de plomb. Ces bandes sont quelquefois soudées ensemble; d'autres fois on les fixe l'une sur l'autre avec des clous; mais la meilleure manière d'éviter ces sortes de raccordements, est sans contredit celle que nous avons indiquée à la page 227, § 14 et 15.

Crapaudine.

Plaque de plomb à jour, que l'on met dans les cuvettes pour n'y laisser passer que les eaux.

Crasses ou Ecumes.

Ce sont les parties du plomb qui ne peuvent se fondre. Lorsqu'il s'en trouve dans les chaudières, on les retire par le moyen d'une écumoire pour les revivifier ensuite au creuset.

Cuiller.

Les plombiers se servent de trois sortes de cuillers. Avec la première ils prennent le plomb fondu dans la chaudière ; avec la seconde, qui est percée de petits trous, ils écument la matière ; enfin, avec la troisième, qui est ronde et profonde, et dont l'un des points de la circonférence est en forme de bec, ils versent le plomb fondu sur les soudures.

Dossier.

C'est le côté de la cuvette qui se trouve appliqué contre le mur.

Ébarber.

C'est ôter le sable avec des brosses.

Écailler le plomb.

C'est le mettre en état de recevoir la soudure. Nous avons déjà eu occasion de dire que cette opération avait pour objet d'enlever au plomb la crasse déposée à la superficie, pour que la soudure pût bien s'y fixer.

Écaillures.

Ce sont les pellicules de plomb qu'on enlève avec le grattoir ou avec le ciseau. Lorsqu'elles sont trop sales, on les soumet au raffinage pour les mettre en état d'être refondues.

Échelle de corde ou corde nouée.

Gros câble noué de distance en distance, de 16 centimètres en 16 centimètres (de 6 pouces en 6 pouces). A l'une de ses extrémités est attaché un fort crochet de fer qui sert à fixer le câble en un point de l'édifice. On se sert de cette échelle pour poser les plombs aux tours, aux clochers, etc. L'ouvrier, assis sur une sellette à laquelle sont attachées deux sangles à crochets, s'y cramponne, de manière que les nœuds tiennent lieu d'échelons ; il fait également usage d'étriers en cuir et à crochets, qu'il se fixe aux jambes et à la ceinture, et qu'il cramponne aux nœuds du câble au fur et à mesure qu'il s'élève, afin de prévenir les accidents.

Emboîter.

Lorsqu'un tuyau de descente ou de conduite n'est pas d'une seule pièce, on emboîte les diverses parties qui le forment, les unes dans les autres ; mais il faut toujours que le tuyau supérieur soit introduit dans le tuyau inférieur pour ne point mettre d'obstacle au courant de l'eau, et pour empêcher qu'elle ne filtre à travers les joints. Quant aux tuyaux de descente, on peut se dispenser de souder les parties emboîtées ; mais on doit le faire pour les tuyaux couchés horizontalement.

Emporte-pièce.

Instrument tranchant, et fait en croissant, dont on se sert pour mettre à jour les crapaudines des cuvettes.

Éponges mobiles.

Planches portatives servant à diminuer les dimensions des tables que l'on coule, et que l'on applique à cet effet contre les rebords du moule.

Équerre.

Instrument destiné à tracer les angles droits.

Étain.

De tous les métaux ductiles, c'est le plus léger : sa pesanteur spécifique n'est que de 7,264. Après le plomb c'est le plus mou. On peut aussi le rayer avec l'ongle. Lorsqu'il est pur, sa couleur est blanche et brillante, à peu près comme celle de l'argent ; mais exposé à l'air, il perd promptement son éclat. Une faible chaleur suffit pour le fondre. Il s'allie avec tous les métaux ; mais il les rend aigres et cassants : c'est pourquoi il faut éviter de laisser de la soudure aux vieux plombs que l'on veut refondre.

Étirer.

Synonyme d'*étendre*.

Explosion.

Lorsque les plombiers ajoutent du plomb à celui qui est déjà fondu, il faut qu'il soit parfaitement sec, car sans cette précaution ils auraient à craindre des explosions dangereuses. Il en est de même de la mixtion des métaux en fusion, plusieurs éclatent s'ils ne sont pas mélangés dans des proportions convenables. Les plombiers doivent, à cet égard, prendre beaucoup de précautions quand ils font des alliages.

Faîtières de plomb.

Bandes de plomb qui recouvrent le faîtage d'un toit.

Fausses éponges.

Pièces de bois qui se placent dans l'intérieur des moules à tables contre les vraies éponges pour diminuer les dimensions des tables sans être forcé de recourir à un autre moule.

Fer à souder.

On ne doit l'appliquer sur la soudure qu'après avoir frotté celle-ci avec de la poix-résine, afin que le fer ne s'y attache pas. Il sert à allier et à unir la soudure. Les fers à souder les nappes, ou les parties arrondies, ont la forme d'un œuf, et ceux pour les angles rentrants ou pour les ornements affectent celle d'un cul de poire, parce qu'ils laissent plus de soudure dans les angles, ce qui est nécessaire pour certains ouvrages.

Forge de plombier.

C'est une pierre de liais sur laquelle les plombiers battent le plomb à froid avec des maillets.

Forger le plomb.

C'est le frapper avec des masses pour le condenser. Mais cette opération n'a lieu que pour des cas fort rares, et n'est point nécessaire lorsque le plomb a été laminé.

Fossé.

Les plombiers ont donné ce nom à un foyer semblable à celui dont nous avons parlé à la page 197, mais qui, au lieu d'être placé en plein air, est situé en contre-bas du sol de l'atelier. On y fond également le plomb, en le plaçant sur un lit de combustible enflammé. Mais dans ce cas il faut établir une cheminée au-dessus, en forme de hotte, pour donner issue à la fumée et aux vapeurs. Il y a en outre, au fond de ce fossé, une poêle en fonte qui rassemble le plomb à mesure que la *fosse* s'épuise.

On donne encore le nom de *fossé* à une petite rigole pratiquée au fond de la couche de sable qui est dans le moule, pour y faire écouler, avec le sable, l'excédant de la matière.

Mais aussitôt après que cet excédant y est tombé, il faut le séparer de la table, pour éviter qu'il ne s'oppose au retrait que la matière éprouve en se refroidissant, ce qui pourrait la fendre dans toute la largeur de la table.

Fourgon. Voyez *Attisoir.*

Fourneau.

Les plombiers en ont trois : la fosse ; celui qui contient la chaudière, et le fourneau à étamer, qui n'est autre chose qu'un réchaud ordinaire.

Gâches.

Crochets de fer en forme de croissant, dont les extrémités sont pointues. On s'en sert pour maintenir les tuyaux de descente contre les murs. On en fait également usage pour enlever le plomb qui tombe dans les *fossés* des moules, parce qu'on les y implante lorsque la matière est chaude, et on les en détache en la faisant fondre de nouveau.

Graisse.

La graisse, la poix-résine, de même que le charbon, peuvent être employés pour revivifier le plomb.

Graisser.

Les moules à toile se graissent avec du suif fondu, afin que le plomb puisse mieux glisser et pour empêcher que la toile ne soit brûlée.

Les plombiers doivent aussi en frotter leur plane avant de la passer sur les couches de sable, afin de les rendre plus lisses.

Grattoir.

Instrument de fer trempé et taillant, fait en forme de triangle. Les plombiers en font usage pour aviver le plomb aux endroits où l'on doit faire des soudures.

Jé ou Rotin.

Espèce de sonde en jonc servant à dégorger les tuyaux.

Jet.

Espèce d'entonnoir qui s'élève au-dessus des moules, et par lequel on introduit le plomb fondu. Le plomb doit se écouler dans le moule jusqu'à ce que le jet soit rempli, pour que le poids du plomb qui s'y trouve force celui coulé dans le moule à en remplir toute la capacité.

Jeter le plomb sur toile.

C'est le verser dans un moule à table couvert d'une toile ou d'un drap de laine. Cette manière de jeter le plomb est particulièrement employée par les facteurs d'orgues, parce qu'elle permet de jeter le plomb en lames très-fines.

Labour.

Outil servant à remuer le sable du moule à table après l'avoir arrosé. Il est fait à peu près comme une pelle à bêcher.

Labourer le sable.

C'est le retourner sens dessus dessous, pour le rafraîchir.

Lames de plomb.

Morceaux de plomb extrêmement minces.

Laver.

Les cendrées de plomb se lavent dans une sébile remplie d'eau : on les remue, à cet effet, avec une truelle.

Lavoir.

C'est un tonneau rempli d'eau.

Levier.

On se sert de levier en bois pour enlever les tables de plomb de dessus le moule lorsqu'elles sont refroidies.

Limer.

On lime ou l'on râpe les ajoutoirs des jets d'eau, les robinets des fontaines, etc., aux endroits où la soudure doit s'attacher.

Limes.

Celles dont les plombiers doivent se servir, sont de grosses limes de serruriers emmanchées comme à l'ordinaire. Lorsqu'on veut polir, on se sert d'une râpe nommée *écouane*, qui diffère de la lime en ce qu'elle n'est taillée qu'en lignes transversales non coupées et moins profondes ; le plomb ne s'y engage pas comme dans les limes ordinaires et surtout comme dans les limes fines ou demi-fines, qui ne pourraient servir qu'un instant.

Lingot.

On donne ce nom au plomb qui a été coulé dans une lingotière. Voyez *Saumon*.

Lingotière.

Espèce de moule en fer ou en cuivre pour couler les métaux. Ce moule est creux dans le sens de sa longueur, et sert à former des saumons de plomb.

On a aussi donné le nom de *lingotière* à une espèce de gouttière que l'on fixe à l'extrémité des moules à pierre et à toile, pour suppléer aux fosses des moules à sable.

Mâchefer.

Matières composées de charbon et de crasses des cendrées de plomb ; elles résultent de la fonte. On peut en faire un

, assez bon mortier en les mélangeant avec de la chaux. Pour en extraire le plomb, on les soumet à une forte température dans un fourneau à réverbère.

Madrier.

Longue table de chêne sur laquelle on pose les moules à tuyaux. Ce madrier porte un cric à l'une de ses extrémités; et au-dessous est une ouverture faite en forme de mortaise, où l'on suspend ce moule.

Malléable.

Se dit d'un corps qui peut s'aplatir, s'étendre sans se rompre sous le marteau ou sous le laminoir.

Marrons.

Nom que l'on donne au plomb coagulé et ramassé en pelotons. Ils proviennent de deux causes opposées l'une à l'autre, mais qui produisent cependant le même résultat ; 1° de ce que le plomb que l'on coule est trop froid ; 2° ou de ce qu'il est trop chaud. Dans le premier cas, il s'amoncèle sur le sable et arrête le râble ; dans le second, il le creuse et s'y fixe sans s'étendre. Il faut donc que le plombier s'applique à reconnaître le degré de chaleur qu'il convient de lui donner selon sa qualité.

Masse.

Gros marteau de bois avec lequel on forge le plomb.

Mouflettes.

Morceaux de bois creusés en dedans, destinés à prendre l'outil appelé *fer à souder*, quand on le retire du feu pour étendre la soudure. Ce n'est, au fond, que la poignée de l'outil coupée en deux dans le sens de la longueur, et que l'on réunit sur la queue du fer toutes les fois qu'on le prend tout chaud pour s'en servir.

Moule.

La plupart des moules se font en deux parties, qui se réunissent et se fixent au moyen de clavettes ; ils portent tous un *jet*, ou espèce d'entonnoir, par lequel on introduit la matière. Les moules affectent toutes sortes de formes, selon l'objet que l'on veut avoir.

Le moule à table est celui dont nous avons déjà eu occasion de parler à diverses reprises ; et le moule à tuyau est un cylindre creux ouvert par les deux bouts, et au centre duquel est placé le boulon, dont la différence avec l'enveloppe du moule détermine l'épaisseur du plomb que doit avoir le tuyau.

Niveau.

Instrument au moyen duquel on peut mesurer le degré de pente que l'on veut donner à une gouttière. On lui donne ordinairement la forme triangulaire. Lorsqu'on veut s'en servir pour dresser un tuyau qui doit être vertical, on place dessus l'un des côtés du triangle sur lequel est une ligne droite partant de la ficelle, et le tuyau est vertical quand la ficelle suit cette ligne du haut en bas. Cette méthode est beaucoup plus sûre que l'usage, que font presque tous les ouvriers, d'un poids suspendu à un fil auquel on a donné le nom de plomb, parce que ce poids est ordinairement de ce métal. (Voyez *plomb-aplomb.*)

Nœud de soudure.

On a donné ce nom à la jonction soudée de deux tuyaux, parce que la soudure s'y trouve ramassée en certaine quantité.

Noquet.

C'est une bande de plomb que l'on met ordinairement dans

les angles rentrants des couvertures, le long des pignons et
des jouées de lucarnes.

Ourlet de plomb.

Ce sont les rebords de deux lames de plomb repliées l'une
dans l'autre, pour remplacer la soudure.

Plane.

Instrument semblable à une truelle : il est de cuivre, et
sert à lisser et à polir la couche de sable avant que d'y couler le plomb ; on peut aussi en faire usage pour couper les
bavures des tables aussitôt qu'elles ont été coulées, et pour
unir les morceaux de plomb très-minces, dont on fait rarement usage. Pour la chauffer, il suffit de la mettre en contact avec le plomb fondu.

Plomb alquifoux.

Nom que les plombiers et les potiers donnent au plomb
sulfuré.

Plomb de chef-d'œuvre.

C'est le plus étroit et le plus propre à l'usage des pièces
d'expériences et des chefs-d'œuvre.

Plomb en culot.

Le vieux plomb qui a servi, et qu'on jette à la fonte.

Plomb sulfuré.

C'est le seul plomb et le seul minerai qui soit un objet
d'exploitation : sa pesanteur spécifique est de 7,587 ; il est
essentiellement composé de plomb et de soufre, dans le rapport de 0,60 à 0,85 de plomb, sur 0,15 à 0,25 de soufre. Il
contient en outre, mais accidentellement, de l'argent, de
l'antimoine, etc., dans des proportions très-variables. Le

plomb sulfuré est désigné par les potiers de terre, sous le nom d'*alquifoux*. Ils l'emploient dans leurs ouvrages comme vernis ; ils en saupoudrent les poteries, les passent ensuite au feu : le soufre passe alors à l'état d'acide sulfureux, se dégage, et le plomb, à l'état d'oxide, s'unit et se vitrifie avec la substance du vase. Ce vernis est tendre, facilement dissous par les huiles et les graisses, et, par cette raison, réellement nuisible à la santé.

Plomb de vitre.

Est du plomb fondu en petits lingots dans une lingotière, et ensuite tiré par verges à deux rainures dans un petit moulin appelé *tire-plomb*. Il sert aux compartiments de plomb que l'on veut souder ensemble.

Planer le plomb.

C'est l'unir et le dresser, ce qui se fait avec une plane de cuivre.

Planer le sable.

C'est l'unir et le dresser pour le mettre en état de recevoir le plomb. Il faut, pour cela, l'arroser, le labourer et le râbler.

Plomb.

Se dit des projectiles de toute espèce fabriqués avec ce métal, mais plus particulièrement du plomb de chasse.

Plomb-aplomb.

Ligne droite qui est tendue verticalement par un poids en plomb, dont l'effet est de se diriger toujours vers le centre de la terre.

Plomb blanc.

Sorte de plomb sec, aride et sujet à se casser : on le trouve principalement dans les mines d'or et d'argent.

Plomb en table.

Celui qui a été fondu et coulé sur une table couverte d'un sable très-mince, d'un lit de pierre ou d'une toile.

Plomb laminé.

Celui qui a été pressé également entre deux cylindres, et qui, par cette compression, acquiert une épaisseur parfaitement égale ; qualité que n'a pas le plomb coulé sur sable, dont l'épaisseur est toujours très-inégale.

Plomb noir.

Celui que l'on préfère dans les arts.

Plomb de soude.

Terme de marine ; pièce conique ou pyramidale attachée par le sommet à une ligne divisée par brasses. On s'en sert soit pour mesurer le fond de la mer, soit pour en connaître la qualité.

Blanc de plomb.

Carbonate de plomb, céruse du commerce.

Mine de plomb.

Elle sert à faire des crayons pour dessins.

Poêles.

La poêle dans laquelle on met le plomb coulé, pour le verser ensuite sur le moule, est en cuivre ; elle est évasée par devant comme un éventail ouvert, et son fond est rond, ainsi que ses côtés. On lui donne ordinairement 43 centimètres (1 pied 4 pouces) de diamètre dans la partie supérieure, et 32 centimètres (1 pied) seulement dans le fond.

La *poêle* à fondre le plomb, pour jeter en moule les tuyaux sans soudure, est une espèce de chaudière de fonte large et profonde, soutenue sur un trépied de fer, et maçonnée tout autour avec du plâtre, en forme de fourneau.

La *poêle* à verser le métal, pour couler de petites tables, est aussi de fonte : sa forme est triangulaire ; elle est plate en dessous, évasée par en haut, plus longue que large, et garnie par derrière d'une forte queue, au moyen de laquelle on la lève quand on veut verser du plomb.

La *poêle* destinée à être placée au fond de la fosse, pour en rassembler le plomb lorsqu'il s'épuise, a la forme d'une marmite, et est en fonte.

La *poêle ordinaire* est à trois pieds : elle sert à allumer le charbon pour faire chauffer le fer à souder, ou pour fondre la soudure dans une cuiller.

Enfin la *poêle à marrons* est en tôle : elle est percée de plusieurs petits trous ronds, et sert à écumer le plomb lorsqu'il est fondu.

Poignées.

Morceaux de vieux chapeaux dont les plombiers doivent se munir pour prendre la plane ou autres objets chauds.

Poix-résine.

On en frotte les soudures , pour empêcher que le fer à souder ne s'y attache. Elle sert aussi à revivifier le plomb.

Polastre.

Instrument composé de deux bandes de fer attachées ensemble avec deux clous, et qui s'ouvrent et se ferment à volonté. Cet instrument se pose sur les fractures des tuyaux que l'on veut réparer, pour les sécher, afin que la soudure puisse mieux s'y appliquer ; à cet effet, on le remplit de charbons allumés. On appelle aussi *polastre*, le double vase en fer dans lequel on transporte le plomb en fusion. (*Voyez* page 206.)

Porlée ou *Tampon.*

Pièce de cuivre qui entre dans l'intérieur du moule à tuyau continu, pour en boucher l'extrémité, et empêcher que le plomb n'en sorte ; elle y reste jusqu'à ce qu'il y ait un bout de tuyau fondu ; on la retire ensuite, et c'est le tuyau lui-même qui bouche l'extrémité du moule. Un trou est pratiqué à son centre pour laisser passer le bout du boulon, et fixer par là la position qu'il doit avoir dans le moule.

Pureau.

Partie de l'ardoise de plomb qui reste à découvert.

Râble.

Règle de bois de toute la longueur du moule, aux deux bouts de laquelle sont des entailles dans lesquelles entrent les deux bords du moule. Elle sert à aplanir le sable ou à dresser les tables de plomb lorsqu'on les coule.

Raffinage.

C'est l'opération par laquelle on revivifie les parties de plomb décomposées ou oxidées, et qui ne sont plus suscep-tibles de se fondre.

Rejets.

On appelle ainsi le plomb en excédant qui tombe dans les fossés qui sont pratiqués au fond des moules.

Rondelle.

Ce sont deux pièces de cuivre rondes qui serrent par les deux bouts le moule où l'on coule les tuyaux sans sou-dure.

Rondin ou *Mandrin.*

Cylindre de bois sur lequel s'arrondissent les tables de plomb dont on veut faire des tuyaux, etc.

Saumon de plomb.

On appelle ainsi le morceau de plomb tel qu'il vient de la mine. Les saumons ont ordinairement un mètre (3 pieds) de longueur sur un quart de mètre (9 pouces 2 lignes) de large, plats d'un côté, arrondis de l'autre ; ils pèsent environ 70 kilogrammes (140 livres), et sont toujours marqués au poinçon des différentes mines d'où on les tire.

Sonde.

Instrument pour dégorger : c'est une tringle de fer avec un crochet au bout, ou un plomb en forme de bouchon ou de piston attaché à une ficelle, soit pour enlever, soit pour précipiter les ordures qui engorgent les tuyaux.

La sonde des fontainiers se compose de plusieurs baguettes de fer unies par des anneaux : au bout de cette sonde est un tire-bourre, pour arracher tout ce qui se trouve à son passage.

Tampon.

Bouchon de bois plus ou moins gros qu'on adapte à l'orifice du tuyau que l'on veut dégorger, de manière à le fermer hermétiquement.

Tire-ligne.

Instrument à manche de bois, crochu et tranchant, fait comme une serpette ; il sert à tracer sur le plomb l'endroit où il faut le couper.

Toile.

On en faisait particulièrement usage autrefois pour couler le plomb en tables minces ; mais depuis que les machines à laminer sont connues, on n'emploie la toile que fort rarement, parce que le laminage par les machines est infiniment plus simple, et supérieur, à de certains égards, en résultats, pour les feuilles d'une très-mince épaisseur.

Toutins.

Gros cylindres de bois servant à arrondir et à former les tuyaux destinés à la conduite des eaux.

Tonneaux.

Les plombiers-raffineurs en font usage pour laver les cendrées, lorsqu'ils ne sont pas à portée de le faire à la rivière. Il en faut quatre : trois pour laver, et un quatrième pour faire suer les cendrées après le lavage.

Tranchet.

Instrument propre à couper le plomb.

Tuyaux de conduite.

Ce sont les tuyaux que l'on place sous terre pour conduire les eaux d'un endroit à l'autre.

Yeux-de-perdrix.

Petites marques qui se trouvent dans l'étain, dont les couleurs varient selon qu'on les regarde, et qui dénotent la bonne qualité du métal.

NOMENCLATURE

DES

OUVRAGES ET MODÈLES

CONCERNANT LA PLOMBERIE.

—

Annales des Arts et Manufactures, par R. O'Reilly et Barbier de Vémars, etc.

Plomb à giboyer d'après le procédé de MM. Alkerman et Martin, tome XLV, page 158. — Fourneau à réverbère pour purifier le plomb, tome XLIV, p. 158. — Fusion de la mine de plomb, tome XLIX, p. 115.

Annales des Arts et Manufactures, deuxième collection, par M. J.-N. Barbier-Vémars.

Notice sur les mines de plomb, et Analyse du plomb de la Chine, tome II, p. 218.

Annales de Chimie, ou Recueil de Mémoires concernant la chimie et les arts qui en dépendent ; par MM. de Morveau, Lavoisier, Monge, etc. Chez Crochard, libraire, à Paris.

Description et analyse d'une mine de plomb verte, en Auvergne, tome II, p. 23. — Mine de plomb verte d'Erlenbach, en Alsace, tome II, p. 207. — Mémoire sur le métal contenu dans le plomb, tome XXV, p. 194. — Granulations du plomb à giboyer, d'après la description de M. Sautel, tome I, p. 301.

Annales de Chimie et de Physique, par MM. Arago, Berthol-
let, Biot, etc., etc. A Paris, chez Crochard, libraire.

Manière de faire les feuilles de plomb en Chine, tome
VIII, p. 442.

Annales des Mines, ou Recueil de Mémoires sur l'exploitation
des mines et sur les sciences qui s'y rattachent, etc.

Note sur la fonte d'essai de minerai de plomb exécutée en
1815, à la fonderie centrale de Conflans, tome II, p. 55. —
Mémoire sur le traitement du sulfure de plomb, tome II,
pages 501 et 445. — Rapport sur la fabrication des lames
de plomb en Chine, tome III, p. 128.

Archives des découvertes et des inventions nouvelles, etc., for-
mat in-8º. Paris, chez les libraires Treuttel et Würtz.

Purification du plomb, par M. Sadler, tome V, p. 505. —
Composition du plomb de la Chine pour les boîtes à thé, par
M. Thomson, tome VIII, p. 280. — Moyen usité en Angleterre pour augmenter le produit des mines de plomb,
tome IX, p. 417. — Analyse du plomb de Chine, tome XI,
p. 135. — Procédé chinois pour faire le plomb, tome XVI,
p. 373. — Fabrication du plomb à giboyer, par MM. Alkerman et Martin, tome VI, p. 425.

Brevets d'invention, de perfectionnement et d'importation
délivrés en France, depuis l'année 1791, époque de leur
création, jusqu'à 1824 inclusivement.

Machine à couler, laminer et rouler les feuilles de plomb ;
brevet de dix ans, pris en 1821 par MM. *Douglas et Gres-*
ton.

Bulletin de la Société d'Encouragement pour l'industrie

nationale, format in-4º. Paris, chez Madame Huzard, imprimeur-libraire, rue de l'Eperon, nº 7.

Procédé pour l'affinage du plomb, tome V, page 264. — Rapport sur l'application de la machine à vapeur au laminage du plomb en tables, et à l'étirage des tuyaux sans soudure, tome XX, page 170. — Procédé pour faire le plomb en feuilles, en Chine, tome XXII, page 140.

Conservatoire des Arts et Métiers, rue et abbaye Saint-Martin, à Paris.

Modèle d'un atelier de plombier. — Deux modèles de laminoirs pour le plomb, l'un de M. Scavegatti, et l'autre établi à Romilly. — Deux laminoirs pour les tuyaux de plomb, dont un de M. Perrier. — Un laminoir pour les tuyaux de plomb, par M. Charpentier.

Diagrammes chimiques ou recueils de 360 figures (sur 112 planches) qui expliquent succinctement les expériences, par l'indication des agents et des produits à côté de l'appareil, et qui rendent sensible la théorie des phénomènes, en représentant le jeu des attractions par la convergence des lignes.

Extraction du plomb, de son sulfure natif, pl. 80.

Description des machines et procédés spécifiés dans les brevets d'invention, de perfectionnement et d'importation, dont la durée est expirée, etc.

Laminoir mécanique propre à toutes les usines; brevet de M. *Coulon,* tome V. page 243. — Plomb à giboyer; brevet de MM. Alkerman et Martin, tome I, p. 154.

Dictionnaire des découvertes faites en France, de 1789 à la fin de 1820, dans les sciences, la littérature, les arts, etc.

Manière de faire des feuilles de plomb en Chine, tome VII,

page 96. — Affinage en grand du plomb, par Duhamel, tome XIII, page 511. — Notice sur des récompenses accordées pour des ouvrages en plomb, tome XIII, page 514. — Notice sur le plomb arsénié aciculaire, découvert par M. *de Saint-Prix;* et observations de M. *Pelletier* sur le plomb blanc, tome XIII, page 515. — Procédé de MM. *Alkerman* et *Martin* pour faire du plomb à giboyer, tome XIII, page 515. — Méthode de travailler le plomb et autres métaux aisés à fondre, par *Devillers,* tome XIII, page 517. — Moyen de distinguer les mines de plomb spathique des sulfates de baryte ou spaths pesants, tome XIII, page 520.

Dictionnaire portatif des Arts et Métiers, etc., format in-12.

Détails sur le plomb et sur la manière de le préparer, tome II, page 408. — Détails sur l'art du plombier tome II, page 411. — Notice sur les mines de plomb, tome III, pages 183 et 198.

Eléments de Chimie agricole, en un cours de leçons pour le Comité d'agriculture; par sir HUMPHREY DAVY. *Chez Ladrange, libraire.*

Notice sur le plomb, tome I, page 55.

Eléments de Chimie de J.-R. Chaptal, membre de l'Institut national.

Caractères, combinaisons, exploitation, usage et préparation du plomb, tome II, page 263.

Histoire de l'Académie royale des Sciences, etc.

Notice sur deux machines, l'une pour laminer des tables de plomb, l'autre pour mouler des tuyaux de plomb de tous diamètres et longueurs, approuvées par l'Académie des Sciences, année 1728, page 108. — Mémoire sur le plomb sonnant, année 1726, page 1. — Recherche sur le plomb, année 1733, page 313.

Journal des Mines, publié par l'Agence des Mines, etc.

Analyse du plomb venant de Cologne, et de la mine de la Croix, par M. *Vauquelin*, tome XII, page 157. — Notice sur les mines de plomb sulfuré de Bleyberg, département de la Roër, tome XIV, page 190, tome XVI, page 157, et tome XXII, page 541. — Rapport sur la mine de plomb de Glauches, tome XIV, page 438. — Traité sur la préparation des minerais de plomb par M. *Héron de Villefosse*, tome XVII, p. 165. — Exposé des travaux en usage à la fonderie de plomb de Frédéricks-Hutte, près de Tarnowizt, tome XVII, p. 457. — Notice sur la mine de plomb du Sault, département du Mont-Blanc, tome XIX, p. 219. — Notice sur la mine de plomb de Poullaouen, en Bretagne, tome XX, p. 347, et tome XXI, p. 27. — Description de la mine de plomb de Huelgoat, en Bretagne, tome XXI, p. 81. — Essai du minerai de plomb de *Montjean*, près de Vizille, tome XXI, p. 261. — Notice sur les avantages que présente dans la fonte des minerais de plomb le procédé de MM. *de Blumenstein*, tome XXI, p. 381. — Procédé employé en Angleterre pour l'affinage du plomb, tome XXI, p. 597. — Observations sur les mines de plomb de Dourbe, Vierfe et Treigne, tome XXII, p. 15. — Note sur les mines de plomb du Derbyshire, en Angleterre, tome XXII, p. 110. — Rapport sur la mine de plomb de Veiden, département de la Sarre, tome XXV, p. 159. Mémoire de M. *Bouesnel* sur les mines de plomb sulfuré de Bleyberg, département de la Roër, tome XXVII, p. 161. — Notice sur le sulfure de plomb, tome XXVII, p. 465. — Rapport sur la mine de plomb de Brassac, département du Tarn, tome XXVIII, p. 165. — Notice sur le muraillement du puits de machine des mines de plomb de Védrin, tome XXX, p. 70. — Rapport sur les anciens travaux des mines de plomb argentifère de la Croix-aux-Mines, département des Vosges, n° 58, tome XXX, p. 727. — Description des anciennes mines de plomb de Reisched, département de la Sarre, tome XXXII, p. 161. — Mémoire de M. *Bouesnel* sur les procédés employés aux mines de plomb pour la séparation du métal, tome XXXIII, p. 401. — Description des anciennes mines de plomb de Bleyalf, département de la Sarre, tome XXXV, p. 261. — Note sur les mines de plomb du Northumberland, tome XXXVIII, p. 238. — Note sur le plomb de la Chine, tome XXXVIII, p. 239. — Rapport sur la mine de plomb d'Erlenbach, n° 9, p. 9. — Rapport sur la fusion du sulfure de plomb ou galène, n° 12, p. 1. — Rapport sur les mines de plomb de Védrin, n° 12, p. 17. — Renseignements sur les mines de plomb de Sirault, n° 12, p. 35. — Analyse du plomb jaune, par M. *Macquart*, n° 17, p. 23. — Analyse du plomb rouge de Sibérie, n° 34, p. 738. — Note sur une nouvelle espèce de plomb, n° 55, p. 545. — Rapport sur les anciens travaux des mines de plomb argentifère de la Croix-aux-Mines, département des Vosges, n° 58, p. 727. — Mémoire sur l'affinage du plomb, n° 64, p. 301.

Machines et inventions approuvées par l'Académie royale des Sciences, etc.

Laminoir pour le plomb, par M. *Fayolle*, tome V. p. 45. — Moule à couler les tuyaux de plomb, par le même, tome V, p. 53.

Mécanique appliquée aux arts, etc., par M. Berthollet.

Moulin à cylindre pour le laminage du plomb, du cuivre, de l'or, de l'argent, etc., tome I, p. 152.

Mémoires de Mathématiques et de Physique, présentés à l'Académie royale des Sciences par divers savants, etc.

Analyse de la mine de plomb blanche, de M. *Laborie*, tome IX, p. 441. — Observations sur la mine de plomb de Huelgoat, en Basse-Bretagne, tome IX, p. 711.

Pesanteur spécifique des corps, ouvrage utile à l'histoire naturelle, à la physique, aux arts et au commerce, etc.

Du plomb et de sa pesanteur, p. 39.

Secrets concernant les arts et métiers, etc.

Procédés concernant le plomb et l'étain, tome I, p. 308.

Système de Chimie, de Th. Thomson, etc.

Du plomb et de ses propriétés, tome 1, p. 332.

Rapport sur les produits de l'industrie française, etc., exposition de 1823, 1 vol. in-8⁰, Paris, 1824.

Notice sur les plombs de chasse présentés à l'exposition de 1823, par MM. Pécard-Taschereau de Tours, et Moulin de Paris, pages 207 et 208.

Notice sur l'exploitation du plomb, et sur les divers produits fabriqués avec ce métal, présentés à l'exposition de 1823, par M. Lenoble, de Paris; Pavalier fils, de Marseille, et Falatieu, à Bains, p. 206.

The Thechnical Repository, containing pratical information on sujits connected with discoveries and improvements in the useful arts, to be continued Monthly; by Thomas Gill, etc., etc.

Moyen de durcir le plomb et le charbon de bois, par M. Macculloch, tome II, p. 30.

The Repertory of Arts, Manufactures and Agriculture, etc.,
second series.

Manière de réduire le plomb; patente de M. Chayfield,
tome II, p. 407. — Nouveau procédé pour écumer le plomb,
patente de M. Dobbs, tome XXXVIII p. 207. — Plomb à
giboyer, patente de M. Watts, tome III, p. 313.

Traité de Chimie élémentaire, théorique et pratique, par
M. L. J. Thénard, seconde édition. Chez Crochard, li-
braire.
Du plomb, tome I, p. 307.

Traité complet de Mécanique appliquée aux arts, par
M. J.-A. Borgn.

Cylindres pour laminer le plomb, tome VI, p. 140.

FIN.

TABLE

DES MATIÈRES.

		Pages
Préface.		V

PREMIÈRE PARTIE.

DE L'ART DU MÉCANICIEN-FONTAINIER.

Chapitre 1er. — *Des fontaines simples et composées, filtrantes et désinfectantes.* — 1

§ 1. Fontaines portatives. — 2

§ 2. Des fontaines simples. — 3

§ 3. Fontaine à filtre et à glace. — 4

§ 4. Fontaine Soller. — id.

§ 5. Fontaines filtrantes de Smith, Denis Montfort, etc. — 6

§ 6. Fontaine filtrante de Ducommun. — 12

Des bidons. — 14

Des boîtes à filtre. — id.

§ 7. Appareil de filtration et désinfection des eaux. — 15

Chap. II. *Des sondages et forages des fontaines jaillissantes.* — 16

§ 1. Des eaux souterraines. — 17

§ 2. Des eaux souterraines près Paris. — 23

§ 3. Salubrité et insalubrité des eaux. — 26

§ 4. Recherche des terrains propres à donner des fontaines jaillissantes. — 30

§ 5. De la sonde du fontainier. 34

§ 6. Outils du fontainier adaptés à la sonde. . . 38

§ 7. Manière d'allonger la sonde et de la diminuer. 40

§ 8. Parties accessoires de la sonde. 42

§ 9. Engins employés à la manœuvre. 43

§ 10. Des coffres. . . . . *id.*

§ 11. Des buses. 45

§ 12. De la dépense d'un forage de fontaine jaillissante. 46

§ 13. Variation du volume d'eau. 48

CHAP. III. — *Hydrométrie décimale, poids de l'eau,
sa vitesse, sa pression, sa division en colonnes métriques.* 49

§ 1. Hydrométrie décimale. . . . . *id.*

§ 2. Mesure de l'eau. . . . . *id.*

§ 3. Poids de l'eau. 51

§ 4. Vitesse de l'écoulement de l'eau. 53

§ 5. Pression hydraulique. 54

§ 6. Division de l'eau en colonnes métriques. . . 55

DEUXIÈME PARTIE.

DE L'ART DU MÉCANICIEN-POMPIER.

CHAPITRE Ier. — *Principes généraux sur l'air, l'eau,
les tuyaux, etc.* 58

§ 1. Notions préliminaires. . . . . *id.*

§ 2. De l'air. 60

§ 3. De l'eau. 65

§ 4. Des compensateurs. 70

§ 5. De l'eau à l'état solide. . . . . *id.*

§ 6. De l'eau naturelle. 71

§ 7. Des tubes de conduit. 73

§ 8. Des manches en cuir. 74

§ 9. Ecoulement de l'eau. 75

§ 10. Des tubes capillaires. 76

§ 11. Siphons. 78

CHAP. II. *Principes généraux.* 85

§ 1. Des pompes. . . . . *id.*

§ 2. Piston et clapet. 86

§ 3. Corps de pompes. 89

§ 4. Pompe carrée. . . . . *id.*

§ 5. Pompe cylindrique. 91

§ 6. Pistons à soupape. 94

§ 7. Etuis métalliques. 96

§ 8. Pompes aspirantes sans intermittence. . . . 97

§ 9. Pompes aspirantes et foulantes. 99

§ 10. Pompes à soufflet. 101

§ 11. Pompes aspirantes et foulantes pour le service
        des incendies. . . . . *id.*

§ 12. Pompe foulante par en bas. 103

§ 13. Pompe aspirante par en haut, foulante par en
        bas. . . . . *id.*

§ 14. Autre espèce de pompe à double effet. . . 104

§ 15. Pompe dite royale. 105

§ 16. Pompe aspirante et foulante sans piston. . . 106

§ 17. Pompe de J. Perkins. 107

§ 18. Pompe aspirante et foulante par en haut et
        par en bas, et à un seul tube. . . . . *id.*

§ 19. Calculs approximatifs pour la construction
        d'une pompe destinée à alimenter un bassin. 109

§ 20. Pompes à chapelets. 110

§ 21. Vis d'Archimède. 112

§ 22. Du bélier hydraulique. 115

§ 23. Tonneau hydraulique. 118

CHAP. III. — *Pompes circulaires.* 119

  § 1. Système de Bramah. 121

  § 2. Pompe à vanne. . . . . *id.*

  § 3. Pompe à mouvement de rotation. 122

  § 4. Pompe Stoltz. 124

  § 5. Pompe de Dietz. 127

      Tarif et quantité numérique d'eau que les pompes de Dietz peuvent fournir. 130

  § 6. Pompes de Rouffet. 131

  § 7. Précautions pour entretenir les pompes circulaires. 135

CHAP. IV. — *Application de pompes circulaires à la navigation sous-marine.* 137

  § 1. Cloche à plongeur. . . . . *id.*

  § 2. De l'air nécessaire au plongeur. 138

  § 3. Des moteurs. 142

  § 4. Emploi de ce système comme moyen de destruction. 144

  § 5. Emploi des pompes circulaires pour rafraîchir l'eau. 145

  § 6. Moyens accessoires. 147

CHAP. V. — *Nomenclature et valeur de quelques termes plus ou moins relatifs aux fontainiers, pompiers, plombiers.* 149

TROISIÈME PARTIE.

DE L'ART DU PLOMBIER.

CHAP. Ier. — *Du plomb, du zinc, et de leurs propriétés.* 192

  § 1. Du plomb. . . . . *id.*

  § 2. Du zinc. 193

286   TABLE

§ 3. Préparation du plomb. 194

§ 4. De l'emploi du plomb. 200

§ 5. Des fourneaux et des chaudières employés à la fonte du plomb. 201

Des ustensiles employés à la fonte du plomb. . 202

De la fonte du plomb. 203

§ 6. Du plomb coulé. 206

Des différentes manières de couler le plomb en table ou en nappe. . . . . . . id.

Du plomb en table ou en nappe coulé sur le sable. . . . . id.

§ 7. Du plomb coulé sur pierre. 212

§ 8. Du plomb en table coulé sur toile. . . . 213

§ 9. Des moyens propres à connaître le degré de chaleur que le plomb doit avoir pour être coulé. 214

§ 10. Du plomb (chinois). 215

§ 11. Du plomb laminé. . . . . . . id.

§ 12. Des laminoirs. 217

§ 13. Du plomb moulé. 224

De la fonte des tuyaux. 225

Des tuyaux ordinaires. — Des moules. . . id.

§ 14. Des tuyaux sans soudures. 226

§ 15. Des tuyaux étirés. 227

§ 16. Des tuyaux physiqués. 229

§ 17. De la soudure. 230

De la soudure en général. . . . . id.

De la soudure en particulier. . . . id.

Des différentes soudures, et de la manière de les faire. 231

Des soudures à côtes. 232

Des soudures à nœuds. 233

§ 18. De la manière de séparer la soudure du vieux plomb. 255
§ 19. Du zinc. . . . . *id.*
Rapports d'économie entre le zinc et le cuivre. 258
§ 20. Manière de travailler le zinc. 240
§ 21. Manière de souder le zinc. 241
CHAP. II. — *Objets auxquels le plomb et le zinc peuvent être employés.* 242
Des cuvettes. . . . . *id.*
Des cheneaux, des gouttières, des noues, des faîtages, etc. 244
Des couvertures. 245
Des bassins et des réservoirs. 248
Observations générales sur l'emploi du plomb. *id.*
De l'étamage du plomb. 249
Table des dilatations linéaires qu'éprouvent différentes substances, depuis le terme de la congélation de l'eau jusqu'à celui de son ébullition, d'après MM. Laplace et Lavoisier. 250
Table qui indique le poids que peuvent soutenir des barres de différents métaux d'un centimètre d'équarrissage. 251
CHAP. III. — *Vocabulaire du Plombier.* 252
Nomenclature des ouvrages et modèles concernant la plomberie. 274

FIN DE LA TABLE DES MATIÈRES.

BAR-SUR-SEINE. — IMP. DE SAILLARD.

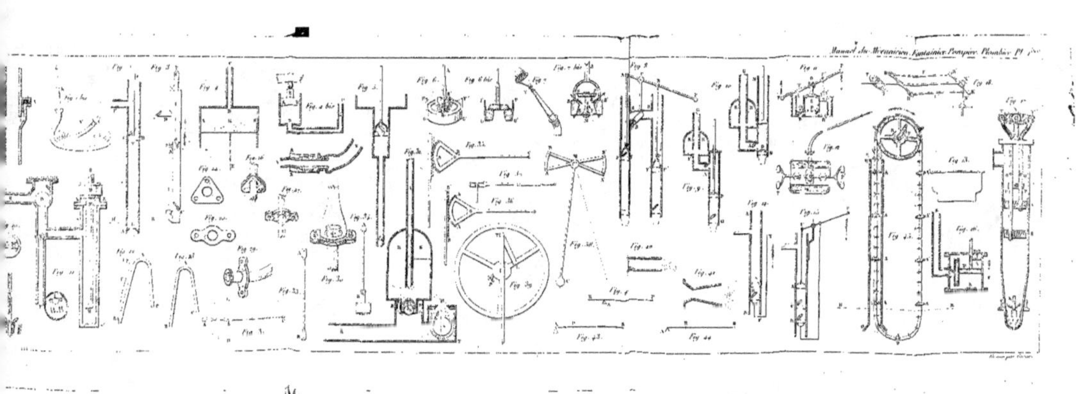

Manuel du Mécanicien Fontainier-Pompier. Planche Pl. 1.

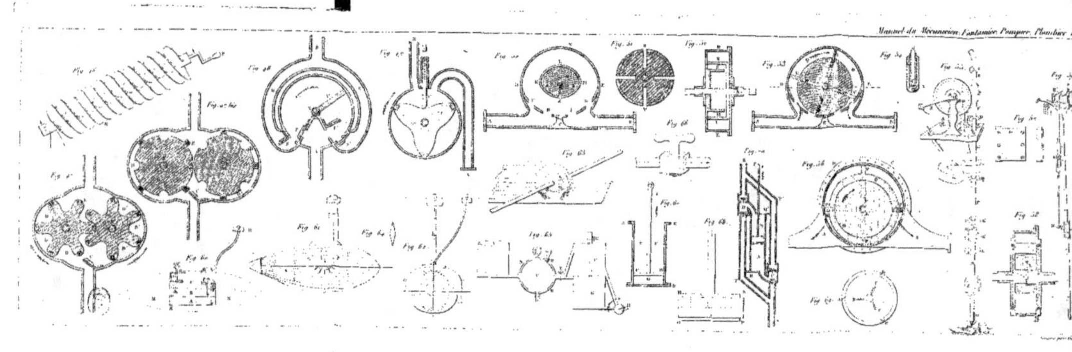

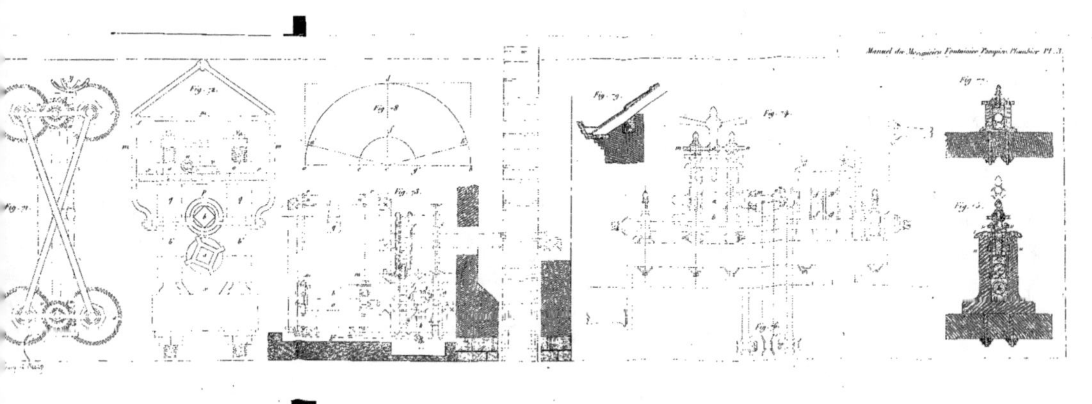

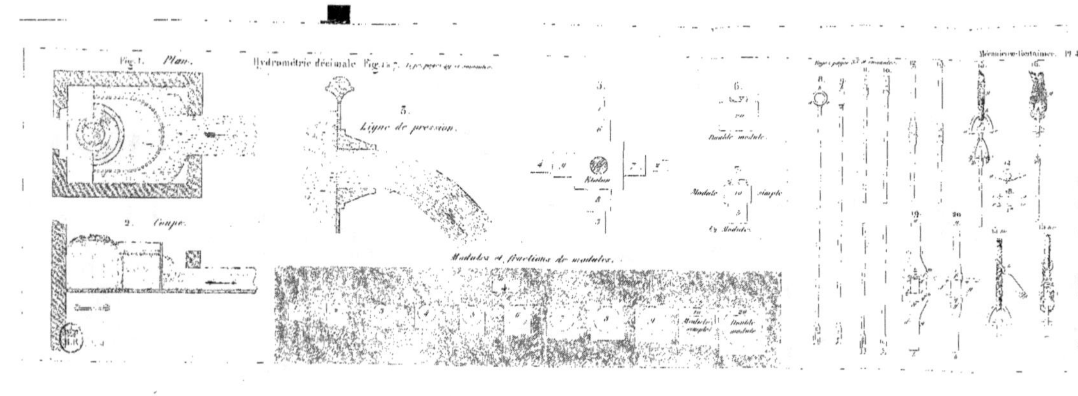

Fig. 1. Plan.
Hydrométrie décimale
Mécanisme-fontainier. Pl. 4.
2. Coupe.
5. Ligne de pression.
6.
Double module.
Module simple
1/2 Module
Étalon
Modules et fractions de modules.